Geheimnisvolles Weltall
Hypothesen und Fakten zur Urknalltheorie

INHALT

"Die meisten Kosmologen glauben, das Universum sei vor 15 oder 20 Milliarden Jahren durch eine riesige Explosion entstanden, die sie Urknall nennen. Im Verlauf der letzten Jahre jedoch scheinen immer mehr Beobachtungen dieser Theorie zu widersprechen ." [1]

"Es scheint gegenwärtig keinen Weg zu geben, die Voraussagen irgendeiner Version der Urknalltheorie mit der Realität des Universums, das wir beobachten, in Einklang zu bringen, keine Möglichkeit, einen Zusammenhang z finden zwischen dem aus der Urknalltheorie abgeleiteten strukturlosen Universum und dem klumpigen Universum, das wir heute beobachten." [7]

"Das grundlegende Problem, dem sich die Urknalltheorie stellen muß, ist, zu erklären, wie das vollkommen strukturlose Universum der Theorie jemals das klumpige Universum der Beobachtung hervorbringen konnte." [5]

"Trotz ihres umfassenden Anspruchs ist die Urknalltheorie zu einfach, um als Theorie vollständig zu sein. Sie bietet keine Erklärungen für viele der beobachteten Eigenschaften des Universums." [2]

"Die Urknalltheorie als Gipfelpunkt einer Kette von Wechselwirkungen liefert gegenwärtig keine Erklärung für Quasare und den Ursprung der unsichtbaren "dunklen" Materie im Universum. Es wäre eine Überraschung, wenn die Urknalltheorie irgendwie das Hubble-Teleskop überleben würde." [3]

"Das Paradoxon des Alters: Ein grundlegender Sachverhalt des Universums ist von Kontroversen umgeben: die Frage nach dessen Alter. Astronomen behaupten, daß die ältesten Sterne mehrere Milliarden Jahre älter zu sein scheinen als das Universum selbst." [4]

"Bisher waren nur wenige Astronomen gewillt, öffentlich den Schluß zu ziehen,daß die Urknalltheorie falsch ist." [6]

"Theorien können niemals bewiesen, sondern lediglich widerlegt werden. Auf diesem Hintergrund ist die Existenz von offensichtlich jungen Galaxien entscheidend für die Widerlegung der Urknalltheorie." [8]

"Die Kosmologen müssen zugeben, daß das, was sie in den vergangenen 300 Jahren studiert haben, nur ein geringer Bruchteil der Gesamtsubstanz des Universums ist. Sie haben zum Beispiel keine Ahnung davon, woraus die "dunkle Materie" besteht, die Hauptbestandteil des Universums ist. Darüberhinaus scheint die kosmische Hintergrundstrahlung heute selbst unserer Existenz zu widersprechen . . Nie wurde ein solch mächtiges Gebäude [Urknalltheorie] auf so insubstanzielle Fundamente gesetzt." [9]

"Beim Anfang der Welt versagt die Vorstellung. Im Kleinsten wie im Großen, beim Atom wie am Rand der Welt, hört unsere Vorstellung auf. Wir stoßen auf unlösbare Rätsel". [10]

Vorbemerkungen

Trotz weitreichender, faszinierender Entdeckungen bleibt das Weltall auch für den modernen Astronomen in weiten Teilen voll spannender Rätsel. Das (ein-)gängige Urknallmodell ist aufgrund jüngster Entdeckungen erneut zu hinterfragen.

Die folgende Darstellung der gegenwärtigen Faktenlage und des heutigen Diskussionsstandes kann angesichts der komplexen Details nur Gerüst sein. Der Leser darf nicht erwarten, nach der Lektüre endgültige Antworten in der Tasche zu haben. Es wird hier insbesondere dem weit verbreiteten Eindruck entgegengetreten werden, daß das Urknallmodell eine angemessene und wissenschaftlich abgesicherte Antwort auf die Frage nach unserem Ursprung sei. Deshalb soll anhand einer Reihe aktueller Erkenntnisse an die großartigen Möglichkeiten, aber auch an die Vorläufigkeit und Begrenztheit kosmologischer Erkenntnisse herangeführt werden.

Leider läßt sich eine vereinfachte Darstellung nicht ohne Kompromisse erreichen. Ich hoffe, daß mein vorsichtiger Umgang mit dieser sensiblen Materie erkannt wird und nicht zu einseitigem Interpretieren hinreißt. Der interessierte Leser sei an die angegebenen Literaturstellen und die aktuelle Berichterstattung zur Vertiefung verwiesen. Bei einem Blick auf das Literaturverzeichnis fällt auf, daß ich mich vorwiegend auf aktuelle Veröffentlichungen bezogen habe. Es ist notwendig und fair zu erwähnen, daß dies aber auch bedeutet, daß noch nicht alles ausdiskutiert ist. Der Leser wird damit nicht notwendigerweise eine in jeder Hinsicht etablierte wissenschaftliche Erkenntnis erhalten; er wird vielmehr direkt in das aktuelle Ringen um Deutungen von Messungen hineingestellt.

Im folgenden werden viele Begriffe benutzt, die nicht jedem gleich geläufig sind. Soweit sie zum Verständnis der Gesamtaussage notwendig sind, wurden sie in einem umfangreichen Anhang erklärt. Die vorliegende Arbeit soll so einem weiten Leserkreis zugänglich gemacht werden.

Gegenstand der Veröffentlichung ist, Hypothesen und Fakten der Urknalltheorie zu diskutieren. Dabei werden in einer – wie ich hoffe – überschaubaren Darstellung die teilweise großartigen Gedankenkonzepte und Entdeckungen aus der Sicht unterschiedlicher Disziplinen dargestellt und kritisch kommentiert. Ich bin mir bewußt, daß es riskant ist, sich so breit auf unterschiedlichste Themen einzulassen. Dadurch steht von vornherein fest, daß ich den Fachleuten der entsprechenden Gebiete unterlegen bin. Ich gehe das Risiko ein in der Gewißheit, daß es wichtig ist, ein so übergreifendes Thema unter Einbeziehung breit angelegter Erkenntnis zu diskutieren. Ich lade meine Leser gerne zu weiterer Kritik ein. Es ist dabei das Ziel, die Belastbarkeit der verschiedenen Vorstellungen zu beleuchten. Es wird also kein alternatives wissenschaftliches Modell vergelegt. Auf diesem Weg sollen dem Leser einige Kriterien an die Hand gegeben werden, die üblicherweise in der populärwissenschaftlichen Literatur nicht zu finden sind; Kriterien, die ihm helfen sollen, die Urknalltheorie als das zu begreifen, was sie ist: eine von vielen Ursprungsmöglichkeiten.

Letztlich möchte ich die Serie von Unstimmigkeiten im Theorierahmen als Fingerzeig auf biblisches Schöpfungsverständnis verstanden wissen. Das ist sicher nicht rein argumentativ zu verifizieren und auch nicht zu beweisen, aber es darf als Hinweis gelten. Geheimnisvolles Weltall? – Wir ahnen Spuren der Schöpfung.

Die vorliegende Arbeit will deshalb eine Veröffentlichung in dem Sinne sein, daß sie zwar nicht alles sagt, aber ihre Leser dazu bringt, das Entscheidende selbst zu denken.

N. Pailer   Meersburg im Mai 1996

1. Faszination des Universums

Das Universum ist jenseits aller Vorstellungen, was Größe, Komplexität und Schönheit, sein Entstehen und Vergehen betrifft. Dennoch gibt es auf einem kleinen, unscheinbaren Planeten, der am Rande unsrer Galaxie einen nicht besonders auffallenden Stern umkreist, ein durch seine Geschichte nicht eben herausragendes Wesen, das immer tiefer in diese Geheimnisse eindringen will.

Ebenso vielfältig wie die Sterne seiner Galaxie sind die Methoden und Apparate, die der neugierige Mensch im Laufe seiner Geschichte zur Entschlüsselung kosmischer Geheimnisse ansetzte. Von seinem angestammten Lebensraum an der Grenzfläche zwischen Erdkruste und Atmosphäre hat er unterschiedlichste Apparate zum Nachweis von Neutrinos in tiefste Stollen alter Bergwerke verfrachtet oder seit rund drei Jahrzehnten diverse Geräte auf Satelliten gepackt, die in einer Entfernung von bis zu einigen Milliarden Kilometern im Weltraum operieren. Nichts steht zur Verfügung als geschwärzte Fotoplatten, Zeigerausschläge und Datenraten von Instrumenten, ein paar Meteorite und einige Kilogramm Mondmaterial. Diese spartanische Informationsbasis zusammen mit einem scharfen Verstand müssen genügen, um die Architektur unseres Planetensystems und darüber hinaus die des Universums zu erfassen. Tiefe Einblicke wurden ebenso erreicht wie die Erkenntnis unerbittlicher Begrenzungen.

So gehört heute zum Allgemeinwissen in der Kosmologie, daß wir nur etwa 5 - 10 Prozent der existierenden Materie überhaupt messend erfassen können. Es gibt eine ganze Reihe wissenschaftlicher Abhandlungen, die sich über die große Täuschung auslassen, der wir uns gegenübersehen, wenn wir unsere Augen und Apparate zum Beobachten gegen den Himmel richten. Deshalb muß man sich einmal ernsthaft mit der Frage auseinandersetzen, was wir beim Blick zum Himmel tatsächlich von der uns umgebenden Wirklichkeit wahrnehmen:

● Unsere Augen als Beobachtungsinstrumente taugen nur für einen kleinen Ausschnitt aus dem elektromagnetischen Spektrum – dem sichtbaren Teil. Wahrscheinlich könnten sie sonst die ankommende Lichtfülle nicht ertragen. Ebenso verhält es sich mit Filmmaterial. Jeder Amateurfotograf weiß, daß Agfa-Filme einen Touch ins Rote, Kodak dagegen einen Touch ins Blaue haben, um nur ein Beispiel zu nennen. Oder will man den Zentralbereich einer Galaxie optimal belichten, dann fallen die dunkleren äußeren Zonen der Spiralarme weg, während eine Langzeitbelichtung diese betont und dem Zentrum durch Überstrahlung jedes Detail nimmt. Spiralgalaxien sind häufig im Zentrum rot und in Randgebieten blau. Je nach spektraler

Abb. 1: Unterschiedliche Erscheinungsformen der Andromeda-Galaxie M 31; aufgenommen im optischen Bereich, im Radiowellen- und im Röntgenbereich.
(The New Astronomy, Nigel Henbest & Michael Marten)

Optischer Bereich

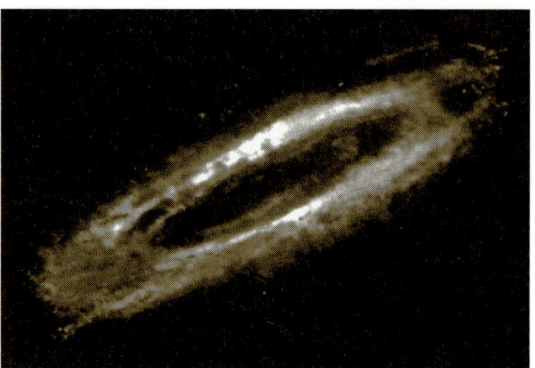

Radiowellenbereich

Röntgenbereich

Empfindlichkeit des Films erhält man unterschiedliche Information. Damit ist jede Aufnahme eines kosmischen Objekts ein Kompromiß und kein wahres Abbild der Wirklichkeit. Erst durch Komposition mehrerer Bilder aus unterschiedlichen Spektralbereichen erhalten wir ein annähernd vollständiges Bild der "sichtbaren Materie" (s. Kap. 2, Aussage 6).

● Objekte, die in unterschiedlichen Frequenzbereichen des elektromagnetischen Spektrums aufgenommen werden, erscheinen dabei in unterschiedlichsten Formen. In **Abb. 1** wird mit den Aufnahmen der Andromeda-Galaxie ein Beispiel dafür gegeben.

● Wenn wir zum Himmel schauen, sehen wir den Zustand von Objekten in der sog. "Rückblickzeit": Je nach deren Entfernung sehen wir ihre Zustände in der Vergangenheit, da das Licht eine gewisse Zeit benötigt, bis es uns erreicht.

● Man weiß heute von Bereichen im Kosmos, die durch einen sog. "Ereignishorizont" von unserem Raum-Zeit-Kontinuum derart getrennt sind, daß sie prinzipiell unzugänglich bleiben (s. Kapitel 5).

● Staubwolken verdecken und verdunkeln uns den Blick auf die wahre Natur von Objekten. Licht, das der kosmische Staub nicht vollständig absorbiert, rötet er, indem er die kurzwellige Komponente des Lichts absorbiert.

● Massive Objekte, die als Gravitationslinsen wirken, narren uns. Sie gaukeln uns mehrere Objekte vor, die als Abbilder ein und desselben Objekts gelten müssen. So kann ein Objekt mehrere Bilder erzeugen (**Abb. 2 und 3**).

● Licht von fernen Welten wurde auf seinem Weg zu uns von Objekten großer Masse abgelenkt, so daß die Sterne nicht notwendigerweise dort anzutreffen sind, wo wir sie sehen (**Abb. 4**).

● Die Brechung des Sternlichts durch die Atmosphäre – vor allem für horizontnahe Sterne – kommt noch hinzu. Die Luftunruhe ist darüber hinaus für das Flackern des Sternlichts verantwortlich.

Trotz aller Einschränkungen, denen wir im folgenden mit etwas mehr Detail nachgehen werden, sollen die großartigen Leistungen der raumfahrtorientierten Wissenschaftler und Ingenieure gewürdigt werden, die trotz des begrenzten Zugangs zu den Fakten des Weltalls in aufwendiger, teilweise mühseliger Puzzle-Arbeit uns zu einer Vorstellung von der uns umgebenden Welt führen wollen. Dies bedeutet meist unglaubliche Sisyphusarbeit beim schrittweisen Enträtseln der Geheimschrift des Lichts der Sterne. Aus dieser Sicht sind die Astronomen die eigentlichen Abenteurer unserer Zeit.

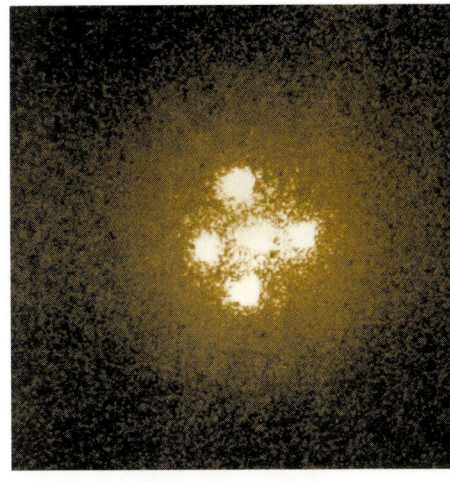

Abb. 2: Aufnahme des Hubble Space Telescope vom sog. Einsteinkreuz. Es besteht aus vier Bildern eines einzelnen Quasars, die durch die Gravitationslinsenwirkung einer Galaxie im Vordergrund hervorgerufen werden (s. Abb.3).

Abb. 3: Schematische Darstellung der Entfernungsverhältnisse vom sog. Einsteinkreuz

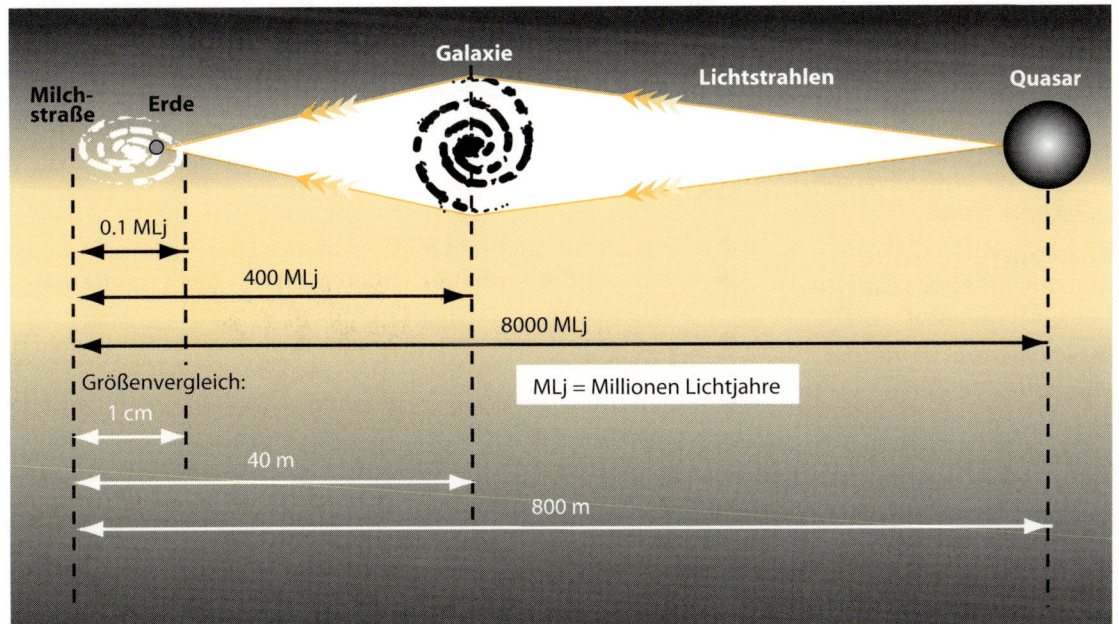

Abb. 4: Wo die Schwerkraft wirkt, geht auch Licht um die Ecke: Ablenkung des Lichts durch ein massereiches Objekt

Im "Irrgarten" der Daten und Prozesse

Widersprüche aus der aktuellen Literatur

● *Galaxien, die älter sein müssen, als das Universum sein kann*

● *Galaxien, die schneller rotieren, als es das Gravitationsgesetz zuläßt*

● *Galaxienabstände, die gequantelt sind*

● *unterschiedliche Rotverschiebung von physikalisch zusammenhängenden Gebilden*

● *großräumige Strukturen neben riesigen Leerräumen*

Irrgarten von Daten und Prozessen. Wenn dennoch nachfolgende Generationen über unser Unwissen lächeln werden, müssen sie uns immerhin zugestehen, daß der Stand unseres heutigen Wissens unseren besten Bemühungen und Möglichkeiten entsprach. Wenn sie an unser Jahrhundert zurückdenken, werden sie wohl nachsichtig sein und sich daran erinnern, daß es für uns einem Schock gleichkam, mit der Vielfalt, der Größe, Ordnung und Schönheit des Kosmos umzugehen.

Sie mögen uns nachsehen, daß uns die Möglichkeiten der Computer in Details verrennen ließen, so daß wir Gefahr liefen, die beobachtbare Wirklichkeit dabei zu übersehen. Ebenso haben wir uns mangels Flexibilität eher in Form eines Dogmatismus an Theorien gehängt, obwohl sie kaum noch haltbar waren. Dazu kam ein gewisser Erfolgsdruck der öffentlichen Geldgeber und der interessierten Öffentlichkeit, die von uns Antworten erwarteten, bevor sie ausreifen konnten.

Nach einer Reihe von grundsätzlichen Feststellungen sollen am Beginn meiner Ausführungen ein paar Gegensätze stehen, die im Laufe der Abhandlung mit mehr Detail auftauchen. Ich gehe nicht streng der Reihenfolge dieser Problemkreise entlang. Sie werden aber immer wieder unter verschiedenen Aspekten vertiefend diskutiert. Ich habe diese Form der Darstellung gewählt, weil es schwierig ist, die Phänomene zu entkoppeln. Gleichzeitig soll der Leser über eine erste Darstellung der Problemfelder mit denselben bekannt- und vertrautgemacht werden, um dann insbesondere in den Abschnitten 3.3, 4 und 5 etwas über den meßtechnischen Hintergrund und damit über die eigentliche Rechtfertigung der aufgestellten Behauptungen zu erfahren.

Widersprüche, die in der aktuellen Literatur immer wieder aufs neue diskutiert werden, sind nachstehend zusammengestellt. Die Liste ist erweiterbar:

● Galaxien, die älter sein müssen, als das Universum sein kann
● Galaxien, die schneller rotieren, als es das Gravitationsgesetz zuläßt
● Galaxienabstände, die gequantelt, d. h. in einer zwiebelschalenähnlichen Struktur angeordnet sind
● unterschiedliche Rotverschiebung von physikalisch zusammenhängenden Gebilden; d. h. sie müßten aufgrund unterschiedlicher Rotverschiebung weit voneinander entfernt sein, sind aber über "Materiebrücken" miteinander verbunden und müssen deshalb benachbart sein
● großräumige Strukturen (extrem große Galaxienhaufen) neben riesigen Leerräumen, wobei die Urknalltheorie eher eine Gleichverteilung erwarten lassen müßte.

2. Spuren ferner Welten – Möglichkeiten und Grenzen der Astronomie

2.1 Was sehen wir tatsächlich von der uns umgebenden Wirklichkeit?

Fast alles, was wir an Dateninformation über die Welt der Sterne wissen, leiten wir aus dem Informationsträger "Licht" ab. Andere, weit weniger bedeutende Informationsquellen sind Teilchenstrahlen wie kosmische Strahlung, Neutrinos und Gravitationswellen. Sonst haben wir nichts zur Verfügung. Wenn wir einmal von unserer Sonne als Stern absehen, reicht die Auflösung unserer Apparate nicht einmal, um einen Stern als Scheibchen abzubilden, d. h. ihn flächenmäßig darzustellen. Dafür ist er viel zu weit entfernt oder eben viel zu klein. Nur aus der Zerlegung seines Lichts – der Spektroskopie – erfahren wir etwas über seine Eigenschaften und aus seiner Bewegung im Raum etwas über mögliche Begleitobjekte.

Etwas allgemeiner sprechen wir von elektromagnetischer Strahlung, die von Gamma- und Röntgenstrahlen über den sichtbaren Teil des elektromagnetischen Spektrums bis zur Radiostrahlung als dem langwelligen Ende reicht. Sie muß uns als wichtigster Informationsträger über den Aufbau der Sternenwelten des Universums genügen. **Abb. 5** weist die unterschiedlichsten Bereiche der elektromagnetischen Strahlung aus.

Abb. 5: Das elektromagnetische Spektrum. Die Atmosphäre hat zwei Fenster, durch die Strahlung aus dem Weltall bis zu uns auf den Erdboden kommt: ein kleines für Licht, das wir mit unseren Augen wahrnehmen können, und ein wesentlich breiteres für Radiowellen: Wir leben auf dem Boden eines riesigen Luftozeans und haben nur die Sicht eines Tiefseefisches von der uns umgebenden Wirklichkeit. Mit den Möglichkeiten der Raumfahrt machen wir uns die ganze Strahlenpalette zugänglich, weil wir dadurch die Atmospäre überwinden.

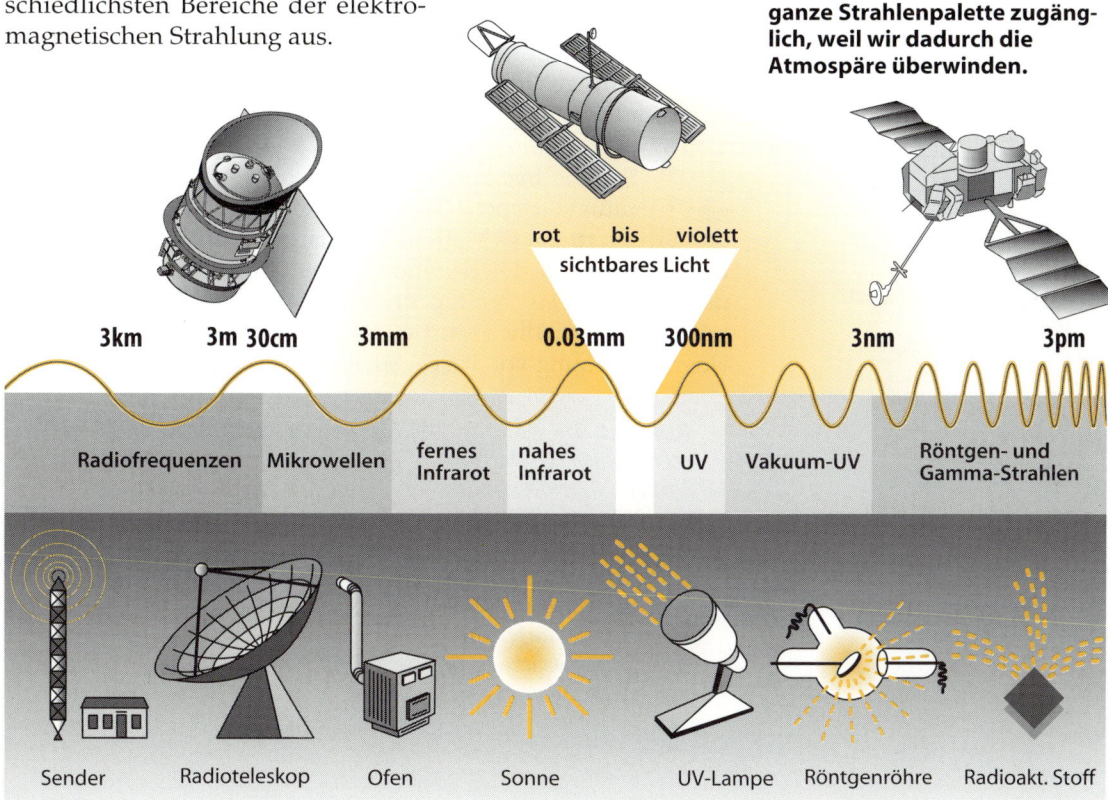

rot bis violett
sichtbares Licht

3km 3m 30cm 3mm 0.03mm 300nm 3nm 3pm

Radiofrequenzen | Mikrowellen | fernes Infrarot | nahes Infrarot | UV | Vakuum-UV | Röntgen- und Gamma-Strahlen

Sender | Radioteleskop | Ofen | Sonne | UV-Lampe | Röntgenröhre | Radioakt. Stoff

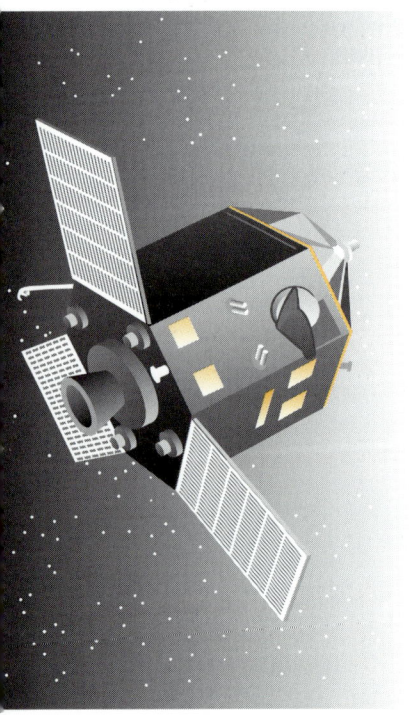

Abb. 6: Messung der Parallaxe von Sternen. Der die Erde umkreisende Satellit Hipparcos vermaß die Stellung von Objekten vor der Himmelssphäre.

Aussage 1: *Alle Erscheinungsformen der Materie im Universum, die nicht mit elektromagnetischer Strahlung wechselwirken, die – genauer gesagt – weder Strahlung aussenden noch Strahlung reflektieren, können wir prinzipiell nicht direkt wahrnehmen. Weitere Einschränkungen werden in Kapitel 5 diskutiert.*

2.2 Wie weit durchdringen unsere Teleskope den Kosmos?

Während meiner Zeit als Doktorand hatte ich am Institut regelmäßig Nachtbeobachtungen für die interessierte Öffentlichkeit zu leiten. Eine Bemerkung gehörte zu den Standardfragen: "Wie weit sehen Sie mit Ihrem Fernrohr?" Das ist eines jener Themen, das Astronomen in entsprechender Gesellschaft lieber nicht diskutieren, weil es darauf keine einfache Antwort gibt. Denn nahezu alle Entfernungsangaben für Objekte außerhalb unserer Galaxie beruhen auf der Vorstellung einer durch den Urknall ausgelösten Ausdehnung (Expansion) des Universums, d. h. der Vorstellung vom Urknall als Ursprung. Alle zum Roten hin verschobenen Spektren werden im Sinne einer Dopplerverschiebung (s. **Abb. 7a** und **b**) aufgrund einer Expansion interpretiert. Sollte diese Deutung der Rotverschiebung unzutreffend sein, wären die darauf beruhenden Entfernungsangaben hinfällig. In Kapitel 4 folgt eine systematische Diskussion der Entfernungs- bzw. Altersproblematik.

Vor einigen Jahren hat vor allem der in **Abb. 6** gezeigte Astrometriesatellit HIPPARCOS (**Hi**gh **P**recision **Par**allax **C**ollecting **S**atellite) unser Wissen über die Entfernung von 120.000 Sternen bis zur Leuchtkraft von der Magnitude 11 auf eine Genauigkeit von 2/100 Bogensekunden über Triangulation verbessert. Diese Methode ist von der Rotverschiebung des Lichts aufgrund der angenommenen allgemeinen Expansion unabhängig. Das Prinzip der Parallaxenmessung wird S. 49 erläutert. Allerdings sind damit nur relativ nahe Objekte in einer Entfernung von bis ca. 300 Lichtjahren zu erfassen.

Aussage 2: *Nur für Objekte unserer unmittelbaren kosmischen Nachbarschaft bzw. für helle Objekte haben wir direkte Entfernungsmessungen. Die großen Entfernungsskalen werden – von der Parallaxenbestimmung, den Delta Cephei-Sternen und der Tully-Fischer-Relation abgesehen – aus dem Grad der Rotverschiebung ihrer Spektren abgeleitet, d. h. sie beruhen auf der Vorstellung der allgemeinen Expansion des Universums aufgrund des Urknalls. Dieses Bewußtsein relativiert grundsätzlich die gesicherte Kenntnis über den strukturellen Aufbau des Universums.*

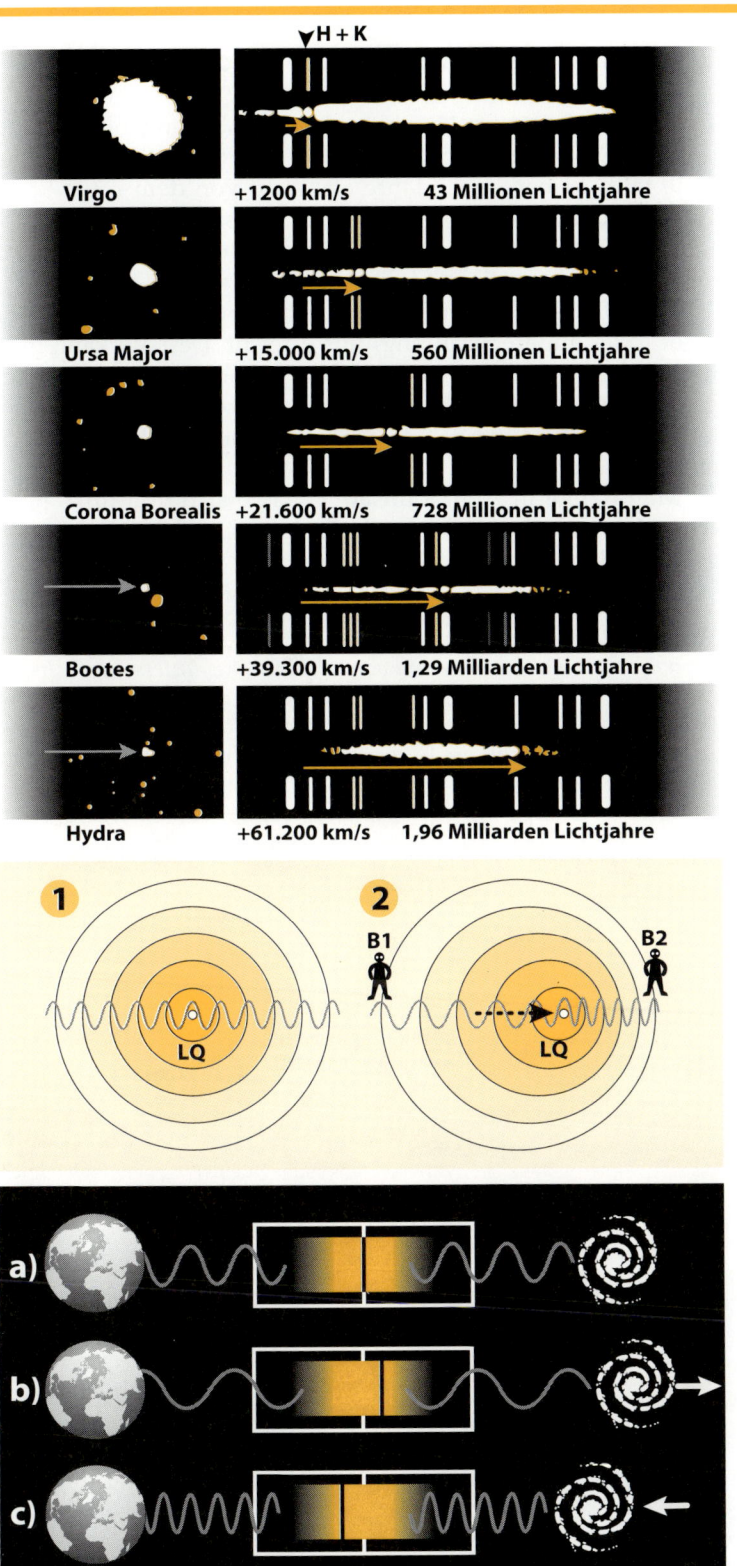

Abb. 7a: Beispiel rotverschobener Spektren. Verschiebung der Spektrallinien (H- und K-Linien des ionisierten Kalziums) in Abhängigkeit der zugeordneten Entfernungsgeschwindigkeit von fünf verschiedenen Galaxien. Man beachte die im mittleren Feld angedeutete Linienstruktur, deren Verlagerung der Pfeil ausweist. (Hale Observatories)

Abb. 7b: Dopplerprinzip.
1. Ruhende Lichtquelle LQ; die Wellen breiten sich mit derselben Frequenz nach allen Seiten aus.
2. Die Lichtquelle LQ bewegt sich relativ zu den beiden Beobachtern B1 und B2; B1 erhält die Wellen kleinerer Frequenz, B2 solche mit höherer Frequenz.

Hier ist dieses Prinzip auf drei Beobachtungsfälle angewandt:

a) aus einem unverschobenen Spektrum wird auf eine (relativ zum Beobachter) ruhende Galaxie geschlossen

b) ein rotverschobenes Spektrum wird als Fluchtgeschwindigkeit interpretiert

c) ein blauverschobenes Spektrum wird als ein uns entgegenkommendes Objekt verstanden
Fall b) ist die allgemeine Situation im Kosmos

2.3 Was schließen wir aus der "Rückblickzeit"?

Was wir heute am Himmel sehen, ist Vergangenheit. Licht, das heute vom 8,7 Lichtjahre entfernten Stern Sirius auf die Erde fällt, ist bereits 8,7 Jahre alt. Licht von dem roten Stern Antares, der 520 Lichtjahre entfernt ist, stammt aus dem 15. Jahrhundert. Alles unter der Voraussetzung einer Konstanz der Lichtgeschwindigkeit (vgl. Abb. 8).

Von Ereignissen im Kosmos erfahren wir nur, wenn ihr Licht (oder andere Strahlung) uns erreicht. Deshalb kann man Ereignisse in solche einteilen, die innerhalb unseres „Lichtkegels" liegen, deren Licht also Zeit hatte, zu uns zu kommen, und solche, die außerhalb liegen, von denen wir bis jetzt noch nichts wissen können.

Man denke in Abb. 8 unsere Galaxie sich von links nach rechts bewegend, sodaß laufend Ereignisse in unseren Lichtkegel hineinkommen.

> **Aussage 3:** *Wenn wir heute unseren Blick zum Himmel richten, sehen wir den Zustand von Objekten aus unterschiedlichsten Zeiten, je nach deren Entfernung. Ihr Licht braucht endliche Zeiten, um uns zu erreichen. In den Raum hinausschauen heißt, zurück in die Vergangenheit sehen. Wir können uns nie ein vollständiges Bild vom Jetztzustand des Kosmos machen. Uns ist nur ein vom jeweiligen Abstand abhängiges Bild der Rückblickzeit zugänglich.* **Abb. 8** *veranschaulicht die Verhältnisse.*

Abb. 8: Wie das Lichtkegel-Diagramm zeigt, sehen wir eine Galaxie in einem umso früheren Zeitpunkt ihrer Geschichte, je weiter sie von uns entfernt ist. Die uns ziemlich nahe Galaxie A erscheint uns so, wie sie vor kurzem war, als ihre Zeitlinie (oft auch Weltlinie genannt) den Rand unseres Lichtkegels schnitt. Ereignisse, die danach in der Galaxie stattfanden, gehören jetzt zur Geschichte dieser Galaxie, liegen aber in unserer Zukunft, weil sie noch nicht in unseren Lichtkegel gelangt sind.

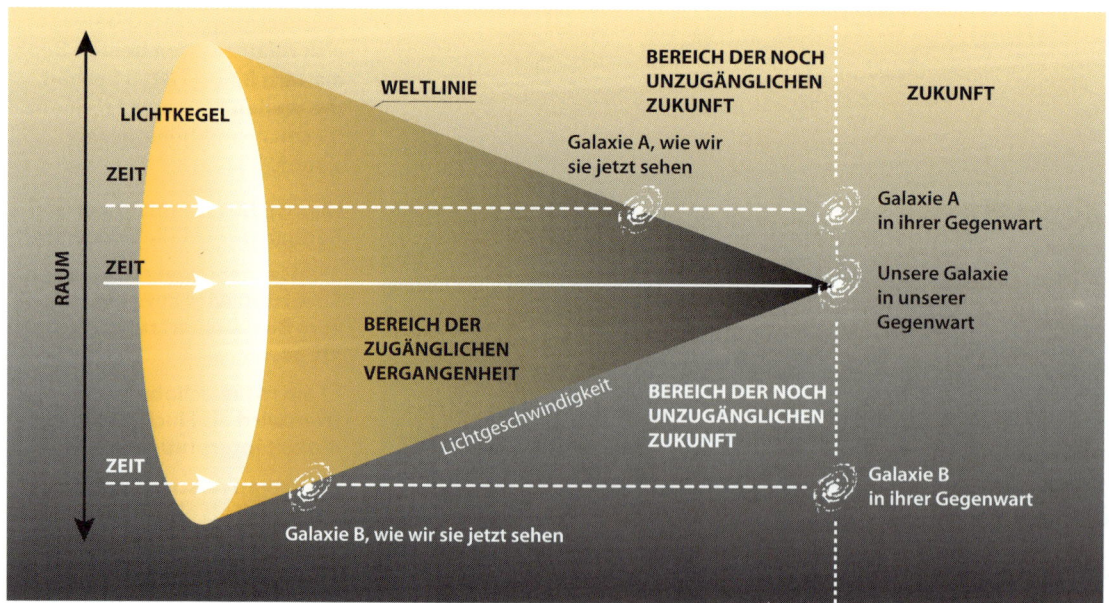

2.4 Welchen Dichtevariationen sehen wir uns gegenüber?

Die Astronomie ist eine Wissenschaft der Gegensätze und der Rekorde. Dies wird besonders deutlich, wenn man einmal die Sternmaterie mit dem Material vergleicht, aus der sie nach wissenschaftlichem Verständnis entstanden ist: Es läßt sich kaum ein größerer Gegensatz vorstellen. Auf der einen Seite haben wir es im Sterninnern mit Temperaturen von Millionen Grad zu tun, mit Drücken, die sich in Milliarden Bar bemessen, mit Teilchendichten von 10^{25} Atomen pro Kubikzentimeter. Das interstellare Gas (Gas zwischen den Sternen) hingegen ist kalt; dort herrscht eine Temperatur von nur wenigen 10 Kelvin (-263 Grad Celsius). Die Dichte ist geringer als im besten Vakuum, das man auf der Erde erzeugen kann; nur wenige Teilchen finden sich durchschnittlich in jedem Kubikzentimeter des interstellaren Raumes.

Die extremen Dichten im Sterninnern haben Auswirkungen auf die interne Organisation der Atome. Die Drücke sind so enorm, daß sogar die Atomstruktur zerstört wird. Sie wird in neue Zustände gequetscht, die man auf der Erde gar nicht kennt. Gewöhnliche Materie – z. B. einen Festkörper aus Eisen – kann man so zusammendrücken, daß die den Kern umkreisenden Elektronen benachbarter Atomkerne sich überlappen. Bei zunehmendem Druck bewegen sich Elektronen so schnell, daß die an einzelne Kerne gebundenen Elektronenbahnen aufgebrochen werden und sich wahllos zwischen den Kernen bewegen. Diese Elektronenentartung tritt in Weißen Zwergen auf. Ein Teelöffel dieses Materials würde mehr als eine Tonne wiegen!

Abb. 9: Strukturhierarchie im Innern von Sternen

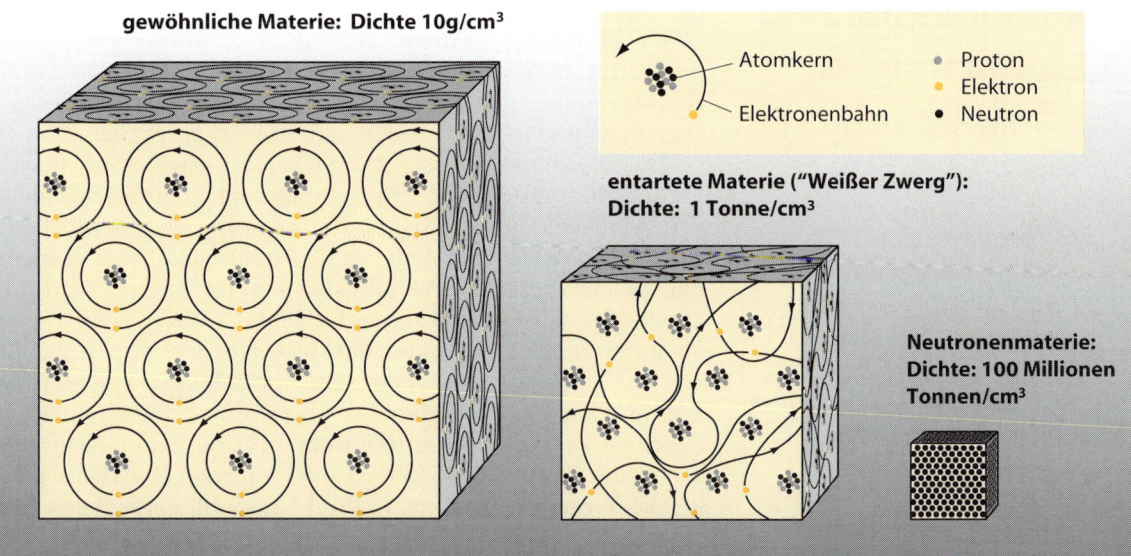

gewöhnliche Materie: Dichte 10g/cm³

Atomkern — Proton
Elektronenbahn — Elektron
— Neutron

entartete Materie ("Weißer Zwerg"):
Dichte: 1 Tonne/cm³

Neutronenmaterie:
Dichte: 100 Millionen
Tonnen/cm³

Wenn der Druck weiter erhöht wird, bewegen sich die Elektronen mit nahezu Lichtgeschwindigkeit und beginnen mit Protonen im Kern zu wechselwirken, um Neutronen zu bilden. Schließlich werden fast alle Protonen und Elektronen umgewandelt, und das Resultat ist ein aus Neutronen zusammengesetzter Stoff mit einer Dichte von 100 Millionen Tonnen pro Teelöffel. Bei einer weiteren Druckzunahme wird die Schwerkraft dann so mächtig, daß die Materie zusammenbricht und ein Schwarzes Loch im Weltall bildet. **Abb. 9** veranschaulicht die riesige Spanne der Dichte im Sterninnern.

> **Aussage 4:** *Wir haben es bei der Materie im Kosmos mit Erscheinungsformen zu tun, für die wir aus der Laborphysik keine Erfahrung haben. Alle daraus abzuleitenden Verhältnisse stammen ausschließlich aus Modellvorstellungen.*

2.5 Was wissen wir über die Natur des Lichts als ausschließlicher Informationsquelle?

Für unser Denken ist es unvereinbar, daß Licht zugleich Welle und Teilchen ist. Doch Experimente fordern genau dies.

Licht ist die einzige Botschaft der Sterne. Seine ungewöhnliche Natur verkompliziert die Situation der Astronomen. Bevor also Inhalte des Informationsträgers "Licht" eingehender behandelt werden, müssen wir kurz auf die bislang nur durch einen Trick der Physiker bereinigte Beschreibung der Natur des Lichts eingehen. Physiker haben den harmlos klingenden Begriff der Komplementarität einführen müssen, um die sich widersprechenden Erscheinungsformen des Lichtes ("Korpuskel kontra Welle") überhaupt zusammenzubringen. Damit kommen wir zu einem weiteren, entscheidenden Merkmal unserer Wirklichkeit. Es ist die durchaus merkwürdige Tatsache, daß manchen Eigenschaftsträgern Eigenschaften zugeordnet werden müssen, die im krassen Gegensatz zueinander stehen, und daß erst in dieser zweifachen Zuordnung das Ganze des betreffenden Eigenschaftsträgers erfaßt wird. Die beiden Aussagen über ihn ergänzen sich, indem sie sich widersprechen bzw. widersprechen sich, indem sie sich ergänzen.

Das bekannteste Beispiel ist sicher die erwähnte Natur des Lichts. Aber es gilt auch für jede andere Energie, mithin für jede Materie. Die entscheidende Frage ist, ob das Licht Teilchen- oder Wellencharakter hat. Während man lange gestritten hat, welche dieser Erscheinungsformen die "wahre" Natur des Lichtes sei, wird jetzt akzeptiert, daß das Licht sowohl Wellen- als auch Teilchencharakter hat. Mit dem bisherigen Denken war und ist es unvorstellbar, daß Licht beides zugleich sein könne. Denn ein Teilchen ist nun einmal auf einen Punkt beschränkt, das dort unter dem Einfluß einer Kraft eine bestimmte Bahn beschreiben kann, während die Welle etwas ist, das zwar auch von einem Punkt ausgeht, dann aber schnell den ganzen Raum kontinuierlich füllt. Immer wieder jedoch zeigt das Experiment, daß gewisse Eigenschaften des Lichts, wie etwa die Beugung und die Interferenz (Wechselwirkung), nur auf der Grundlage der Wellennatur des Lichts erklärt werden können, während andere Eigenschaften, wie etwa der Photoeffekt, auf die Teilchennatur des Lichts schließen lassen. Seitdem muß man sich der Tatsache beugen, daß der Lichtstrahl beides ist, 100% Teilchennatur und 100% Wellennatur. Daß ein und derselbe Lichtstrahl in einem Experiment seinem Wesen nach Wellencharakter und in einem anderen Experiment Teilchencharakter hat, ist heute fundamentales Verständnis der Physik des Lichts.

> **Aussage 5:** *Unsere Logik reicht nicht aus, um unsere Wirklichkeit in ihren fundamentalen Gegebenheiten adäquat zu beschreiben. Wir scheitern schon an der Natur des Lichts. Unsere Vorstellungskraft vermag es nicht, den Wellen- und den Korpuskelcharakter als **eine** Eigenschaft des Lichtes zu begreifen. Nur mit Hilfe von Kunstgriffen – im Falle der Natur des Lichts wurde der Begriff der Komplementarität sich widersprechender Eigenschaften eingeführt – kommen wir an die Beschreibung von Vorgängen der uns umgebenden Natur heran. Nur mit Hilfe der Mathematik der Quantenphysik ist eine widerspruchsfreie Beschreibung möglich.*

Ohne eine Antwort parat zu haben, sei die Frage gestellt, ob nicht bereits im begrenzten Verständnis der Lichtnatur die Ursache einer Reihe von Widersprüchen liegen könnte, die sich aus der Beobachtung des Lichtes ergeben (s. auch Abschnitt 3.4 über gequantelte Galaxienabstände).

2.6 Was folgt aus der Unkenntnis der "dunklen Materie"?

Urknall-Theoretiker berechneten, daß 90-95 Prozent der Masse des Universums "dunkle Materie" sein müsse. Dies folgt aus den Modellvorstellungen bezüglich der Entstehung von Helium und anderen leichten Elementen über den Urknall, wonach weniger als 5% der Masse im Universum "normale" Materie aus Neutronen und Protonen ist. D.h., daß etwa 95% des Universums aus einem bislang unbekannten Material besteht. Da es keine elektromagnetische Strahlung freisetzt oder reflektiert, kann es mit heute gängigen Instrumenten nicht direkt nachgewiesen werden.

a) "Dunkle Materie" als Lückenfüller. Ihre Existenz wird auch aus der Fluktuation (starke Ungleichverteilung) der Verteilung sichtbarer Materie gefordert, die nach dem Urknall

Nach heutigem Verständnis besteht mehr als 90% aller Materie im Kosmos aus einem bislang unentdeckten, unbekannten Stoff, der sogenannten "dunklen Materie".

ohne die "dunkle Komponente" so ungleich nicht hätte sein dürfen. Das bedeutet in letzter Konsequenz, daß eine hohe Dichte sichtbarer Materie mit geringer Dichte "dunkler Materie" zusammenfällt und umgekehrt. Damit wären wir aber auch bei der Entdeckung großräumiger Strukturen im Kosmos einer Täuschung aufgelaufen, die aus dem Unvermögen resultiert, "dunkle Materie" sehen zu können. Würden wir die ganze (materielle) Wirklichkeit sehen, hätten wir eine strukturärmere Verteilung der Materie vor Augen, weil ein Urknall an sich keine Struktur erzeugen kann. So die daraus folgende Logik. Dabei ist auch dieser Schluß für sich genommen falsch, weil selbst eine Entmischung von sichtbarer und "dunkler" Materie bereits eine Strukturierung bedeutet.

b) "Dunkle Materie" als Klebstoff der Galaxien. Wissenschaftler leiten ihre Existenz aber auch aus der beobachteten schnellen Rotation von Objekten in den äußeren Bereichen von Spiralgalaxien und von Galaxienbewegungen in Galaxienhaufen ab, die insbesondere in Anbetracht der vorausgesetzten langen Zeiträume sich längst hätten ablösen müssen. "Dunkle Materie" ist durch die Wirkung ihrer Gravitationskraft sozusagen der Klebstoff der Galaxien.

Bislang meint man zwar zu wissen, wo die "dunkle Materie" sein muß; man kann deren Eigenschaft beschreiben und man weiß, daß sie immer exotischeren Ansprüchen gerecht werden muß. Aber niemand hat sie bislang gefunden.

Aussage 6: *Trotz grundsätzlicher Einschränkungen bei der Beobachtung der sichtbaren Materie, die aber nur einen winzigen Bruchteil von 5-10 Prozent der uns umgebenden materiellen Wirklichkeit ausmachen soll, glaubt man schon, Einzelheiten über die ersten drei Minuten der Entstehung leichter Elemente im Urknallszenario zu verstehen.*

Die nachfolgenden Ausführungen greifen eine Reihe zentraler Aspekte dieses Kapitels auf und diskutieren sie mit größerem Detail.

3. Hypothesen und Fakten zum Aufbau des Kosmos

3.1 Warum gibt es eigentlich Galaxien?

Vom Kleinsten bis zum unvorstellbar Großen gibt es in unserem Universum unzählige Beispiele, wie die Formenvielfalt durch wirkende Kräfte ausgelöst wird. Die Struktur einer Schneeflocke reflektiert mit ihrer ausgeprägten Geometrie die Wechselwirkung atomarer Kräfte im Kristall. Die delikaten Begrenzungsstrukturen von Sonnenflecken und die graziösen Bögen solarer Ausbrüche sind jeweils geformt als Ergebnis der globalen und lokalen Sonnenmagnetfelder. Kugelsternhaufen, individuelle Sterne und Planeten verdanken ihre imposante Kugelform der unentwegten Anziehungskraft der Gravitation.

Dennoch können aus den Formen nicht immer die wirkenden Kräfte direkt abgeleitet werden. Die Gestalt der Spiralgalaxien, die zweifellos zu den beeindruckendsten Formationen im Kosmos gehören, widerstehen bis heute jeder Art von Interpretation – trotz vier Jahrzehnten der Erkundung.

Die Kosmologie steckt in einem Dilemma. Sie muß eingestehen, daß sie für zwei ganz zentrale Aspekte in der Welt keine Erklärung hat:

● Die Existenz und Formenvielfalt von Galaxien sind ein Rätsel. Eigentlich dürfte es sie gar nicht geben, die kleinen Nebelfleckchen am Himmel, die jeder Hobbyastronom mit seinem kleinen Teleskop im Garten (im englischen spricht man so treffend von der "backyard astronomy" = wörtlich "Hinterhofastronomie") sehen kann.

● Die "dunkle Materie", die im Universum vorhanden sein muß. Nach heutigem Verständnis kann das, was wir als leuchtende Materie sehen, nur ein ganz geringer Bruchteil unserer uns umgebenden Wirklichkeit sein. Mindestens 90 - 95 Prozent der existierenden Materie müssen "dunkle Materie" sein, da man sie nirgends sieht, obwohl sie sich in der Dynamik z.B. der Galaxien kundtut. Gleichzeitig muß sie "kalt" sein, damit deren Teilchen so langsam sind, daß sie sich zu galaxiengroßen Gebilden zusammenballen können.

Ein weiteres Problem sind die neueren Ergebnisse eines Satelliten, dem **CO**smic **B**ackground **E**xplorer COBE. Dieser hat festgestellt, daß die Mikrowellen-Hintergrundstrahlung, d.h. das mutmaßliche "Echo des Urknalls", unglaublich gleichmäßig verteilt ist. Dies bedeutet im Theorierahmen der Urknallkosmologie, daß sich im Urzustand der Welt kaum Strukturen (Inhomogenitäten) zeigen, geschweige denn solche von der Größe, wie sie als Kondensationskeime für die Bildung der Galaxien erforderlich wären.

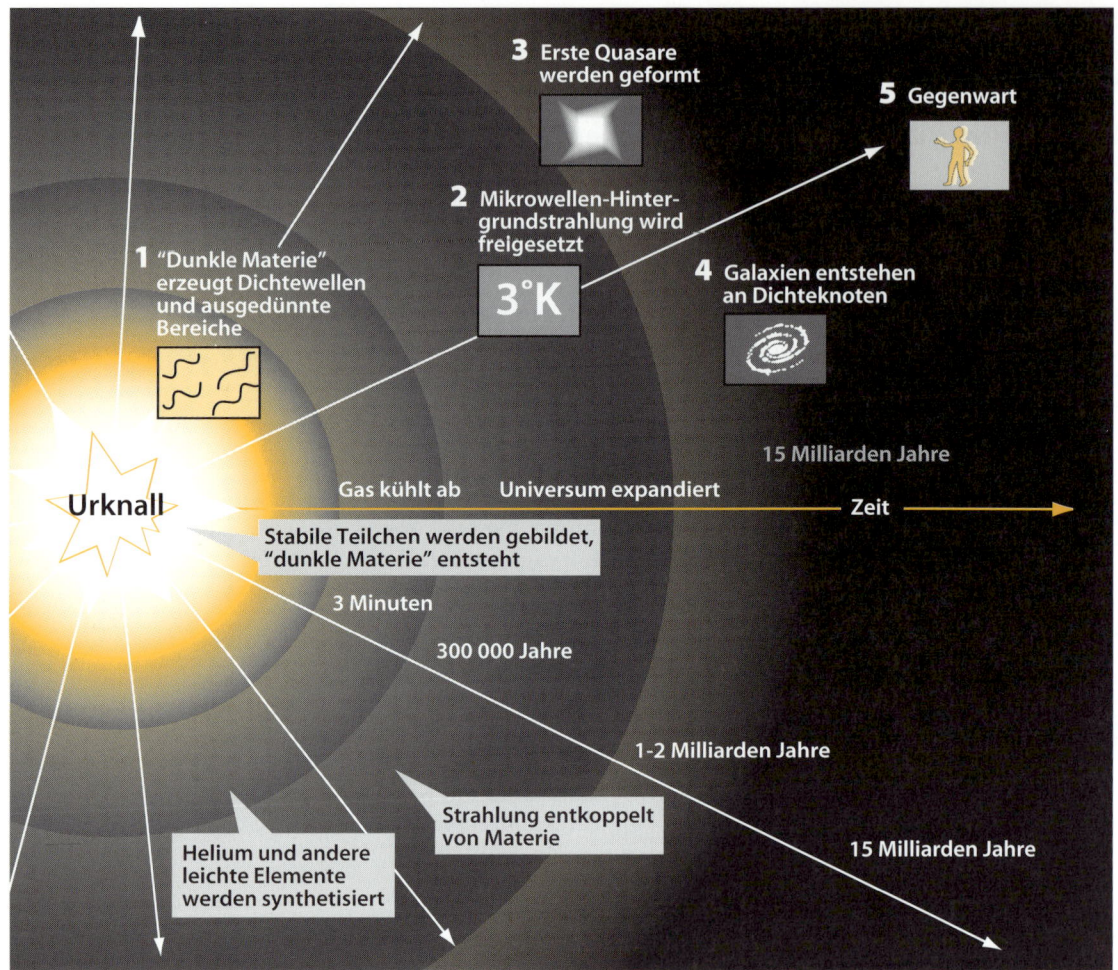

3 Erste Quasare werden geformt

5 Gegenwart

2 Mikrowellen-Hintergrundstrahlung wird freigesetzt

3°K

1 "Dunkle Materie" erzeugt Dichtewellen und ausgedünnte Bereiche

4 Galaxien entstehen an Dichteknoten

15 Milliarden Jahre

Urknall

Gas kühlt ab   Universum expandiert   Zeit

Stabile Teilchen werden gebildet, "dunkle Materie" entsteht

3 Minuten

300 000 Jahre

1–2 Milliarden Jahre

Strahlung entkoppelt von Materie

15 Milliarden Jahre

Helium und andere leichte Elemente werden synthetisiert

Abb. 10: Aus der Urknalltheorie abgeleitete Modellvorstellung zum Geschichtsverlauf des Universums.
Problemkreis: Aus der mit zunehmendem Abstand größer werdenden Rotverschiebung von Objekten, die man als Expansionsbewegung interpretiert, schließt man auf eine riesige Urexplosion.

Heutiger Stand der Vorstellung vom Beginn. Die Vorstellung vieler Kosmologen lautet heute etwa so: Vor 10 bis 20 Milliarden Jahren entstand unser Universum aus einer Explosion von unvorstellbar hoch verdichteter Materie, dem Urknall **(Abb. 10)**. Seither unterliegt das Universum einer allgemeinen Expansion (Ausdehnung), die unter der Wirkung der Gravitation einer bislang nicht genau bekannten Gesamtmasse des Universums langsam gebremst wird.

Ein wesentlicher Anstoß zu dieser Vorstellung kam Anfang der 20er Jahre, als Edwin Hubble in Spektren von Galaxien eine zunehmende Rotverschiebung bei zunehmender Entfernung entdeckte. Sie wurde im Sinne der Doppler-Verschiebung als Expansionsbewegung interpretiert **(vgl. Abb. 7)**, womit ein guter Teil der beobachteten Daten erklärt werden kann. Andere Messungen stehen im Konflikt mit dieser Aussage (s. S. 45).

Es ist offensichtlich, daß die Milliarden Galaxien an unserem Himmel nicht seit unendlicher Zeit von uns fortgeflogen

Ein seltsames "Kochrezept"

Man nehme eine der Theorien der "Großen Vereinheitlichung". Diese sind marktgängig, und man besorgt sie sich am besten schon mit etwas "allgemeiner Relativität" versehen. Wer Extravagantes servieren möchte, kann jedoch auch auf beides verzichten und mit einer dieser herrlich unorthodoxen "Theory Of Everything"-Spielarten beginnen. Bei letzterem Ausgangspunkt gewinnt man eine besonders große Anzahl unbeobachtbarer Elementarteilchen, die sich später auf die vielfältigste Weise einsetzen lassen.

In diese Grundmasse streue man einige Quantenfluktuationen, die für die Auflockerung durch Strukturbildung beim späteren Garungsprozeß unerläßlich sind. Nun muß das Ganze in gut vorgeheiztem "Urknall" scharf angebraten werden. Doch aufgepaßt! Schon nachdem das Billionstel eines Billionstel eines Billionstel einer Sekunde vergangen ist, müssen "Higgs-Teilchen" und "Symmetriebrechung" beigefügt werden, damit das "inflationäre" Stadium beginnen kann. Danach wächst das Universum für kurze Zeit exponentiell an und vergrößert dabei seinen Durchmesser um Dutzende von Zehnerpotenzen.

Man lasse dann das Universum wieder in gemächlichem Tempo weiter expandieren und abkühlen. Bald ist es so kühl geworden, daß sich Quark-Teilchen zu Dreiergruppen zusammentun und damit Protonen und Neutronen bilden. Ist diese Baryonsynthese gelungen, kann kaum noch etwas schief gehen, und bereits nach insgesamt drei Minuten kann man anfangen, aus den Protonen und Neutronen Atomkerne aufzubauen. Dabei ist allerdings genaues Dosieren erforderlich, damit das Verhältnis von Wasserstoff zu Helium und der relative Anteil von Deuterium keine unsinnigen Werte erreichen.

Nun kommt ein weiterer wichtiger Kunstgriff, der für das Gelingen des Gerichtes entscheidend ist. Damit das Universum jetzt nicht weiter aufquillt, müssen Sie die Inflation durch Zugabe von möglichst nichtbaryonischer "dunkler Materie" hemmen. Hierbei ist Sparsamkeit fehl am Platze. Mischen Sie getrost "normale Materie" und "dunkle Materie" im Verhältnis 1:100 oder mehr. Die Auswahl der "dunklen Materie" selbst ist reine Geschmackssache, da sie im Endprodukt ohnehin nicht nachweisbar ist – was übrigens schon bei der Gewerbeaufsichtsbehörde zu Überlegungen geführt hat, ob man nicht im Sinne des Verbraucherschutzes die Verwendung von "dunkler Materie" völlig verbieten sollte. Wie dem auch sei, wir empfehlen, sie reichlich zu verwenden, denn nun kann unser Universum schön zur Ruhe kommen und man kann es getrost seiner Expansion und Abkühlung überlassen.

Gelegentlich sollte das Wachstum der anfänglich eingestreuten Quantenfluktuationen überprüft werden, die nun zu allerlei Strukturbildung führen. Der modebewußte Kosmologe wird nicht auf die lange Zeit verschmähte kosmologische Konstante verzichten wollen, welcher von Kennern für die nächste Saison eine wachsende Beliebtheit vorausgesagt wird.

Guten Appetit!

(frei nach "Fusion" No. 1)

sein können. Sie wären sonst bei den langen Zeiträumen unendlich weit entfernt. Deshalb muß es bei dieser Vorstellung Epochen gegeben haben, in denen die Galaxien ganz dicht zusammengedrängt waren. Zu einer noch früheren Zeit konnten bei diesem Modell die Galaxien, die Sterne, ja selbst die Atome, als einzelne Objekte gar nicht existieren. Die gesamte Materie muß im Kontext dieser Modellvorstellung einmal ein ganz kleiner, extrem heißer Feuerball aus "Materie" in einem exotischen Zustand gewesen sein. Dieser rasch expandierende Feuerball muß auf eine gewaltige Explosion zurückgehen, die den Anstoß zu dieser bis heute weiterlaufenden Expansion des Weltalls gab. Diese Idee liegt dem Urknallmodell zugrunde. Alle Fragen nach dem Grund für einen Urknall, nach seinem "Woher" oder "Vorher", sind jedoch naturwissenschaftliches Sperrgebiet.

Will man sich ein anschauliches Bild von den Vorgängen machen, muß man ein wenig abstrahieren, denn nicht die Galaxien bewegen sich durch den Raum; man spricht vielmehr davon, daß der Raum expandiert und die Galaxien mitbewegt werden. Es ist also nicht wie bei der Explosion einer Bombe, bei der Splitter auseinanderfliegen. Die Galaxien verhalten sich eher wie Rosinen in einem aufquellenden Hefeteig. Dort bewegen sich die Rosinen nur deshalb fort, weil sich der Teig aufbläht – und nicht aus eigenem Antrieb (vgl. **Abb 11**). Alle Rosinen entfernen sich voneinander und zwar so, daß für einen Beobachter auf irgend einer Rosine die Fluchtbewegung durch das Hubble-Gesetz beschrieben wird: Je weiter entfernt die andere Rosine ist, um so schneller scheint sie sich wegzubewegen. Diese Beobachtung gilt für jede Rosine, so daß keine das Recht hat, sich aufgrund dieser Beobachtung als Zentrum des Kuchens zu fühlen.

Mit der "Denkleistung" von Computern hat man sich modellmäßig bis in die unmittelbare Nähe dieser Singularität ("Uranfang") herangetastet. Natürlich ging das nur unter der Annahme, daß die Kernphysiker mit ihrer Theorie der "Großen Vereinheitlichung" aller Naturkräfte die richtige Teilchenphysik beisteuern. Einige grundlegende kosmische Phänomene, wie die Rotverschiebung, die Mikrowellen-Hintergrundstrahlung und die relative Häufigkeit von Helium und Deuterium finden innerhalb des Urknallmodells eine zumindest einfache Deutung, auch wenn Einzelheiten offen bleiben.

Verteilung von Helium und Deuterium im Universum. Im Theorierahmen der heutigen Urknallvorstellung gibt es durchaus gute Argumente für die Vermutung, daß es innerhalb der ersten drei Minuten zur Bildung von leichten Elementen und Isotopen wie Wasserstoff, Deuterium und Helium kam. Zum einen sind die aus dem Modell zu erwartenden hohen Dichten und Temperaturen dieser Synthese besonders förderlich, zum

Abb. 11: Modellhafte Darstellung der aus der Messung der Rotverschiebung abgeleiteten Expansion des Raumes: jeder Punkt auf der Ballonoberfläche entfernt sich vom anderen, ohne selbst Zentrum zu sein.

anderen – und dieser Aspekt sollte nicht vergessen werden – scheint es keine anderen alternativen astrophysikalischen Quellen für Helium und das Wasserstoffisotop Deuterium zu geben. Die Verschmelzung von Wasserstoff zu Helium wird zwar als die ergiebigste Energiequelle unserer Sonne und die der Sterne angesehen, aber dabei wird nur ein kleiner Bruchteil von weit weniger als 10% Wasserstoff im Verlaufe der Entwicklung unserer Galaxie in Helium umgewandelt.[11] Dabei befindet sich das meiste auf diese Weise erzeugte Helium tief im Innern der Objekte. Die im Universum nachweisbaren größeren Mengen von Helium können also nur teilweise durch die Prozesse im Sterninnern entstanden sein; daher die Annahme, daß sie beim Urknall entstanden sind. Für andere Elemente geht man davon aus, daß sie mit der in **Abb. 12** dargestellten Häufigkeit aus der Elementsynthese während der Sternentwicklung entstanden sind.

Dazu kommt, daß die praktisch ortsunabhängige Gleichverteilung der leichten Elemente, wie Wasserstoff und Helium in vielen Galaxien in auffälligem Gegensatz zur Verteilung schwererer Elemente steht, die oft merkliche Variationen aufweist. Deren Häufigkeit nimmt beispielsweise mit wachsender Entfernung vom Milchstraßenzentrum ab. Dies hängt mit der Sterndichte und damit auch mit der Supernovadichte zum Zentrum hin zusammen. Supernovae gelten als Quellen schwerer Elemente. Diese Beobachtungen liefern den Hinweis dafür, daß der Ursprung des Heliums zeitlich zumindest vor der Entstehung der Galaxien liegt und damit aus dem Urknallprozeß stammen muß.

Deuterium, das schwerere Isotop des Wasserstoffs, ist bei hohen Temperaturen leicht zerstörbar. Es kommt zwar als Zwischenschritt in der thermonuklearen Reaktionskette im Sterninnern vor, kann aber die hohen Temperaturen nicht überleben. Sterne produzieren kein Deuterium, sie zerstören es. In unserer Galaxie beobachtet man Deuterium in der interstellaren Materie, die noch nicht zu Sternen kondensiert ist. Die meisten Astronomen glauben deshalb heute, daß Helium und vermutlich auch Deuterium in den ersten drei Minuten des Urknalls entstanden. Im Fall des Deuteriums ist sein möglicher Ursprung beim Urknall nicht so gesichert wie im Fall des Heliums, weil Deuterium relativ selten ist. Im interstellaren Medium kommt auf 30.000 Wasserstoffatome ein Deuteriumatom.

Deuterium spielt jedoch eine kritische Rolle im Urknallmodell, weil es wegen seiner Zerbrechlichkeit und geringen Häufigkeit sehr empfindlich von der jeweiligen Modellvorstellung abhängt, wie es für das Helium nicht gegeben ist. In naher Zukunft sollte es möglich sein, die universelle ursprüngliche Deuteriumhäufigkeit auch für andere Galaxien genauer zu untersuchen. Eine Bestätigung würde sicher das Vertrauen in die Modellvorhersage stärken.

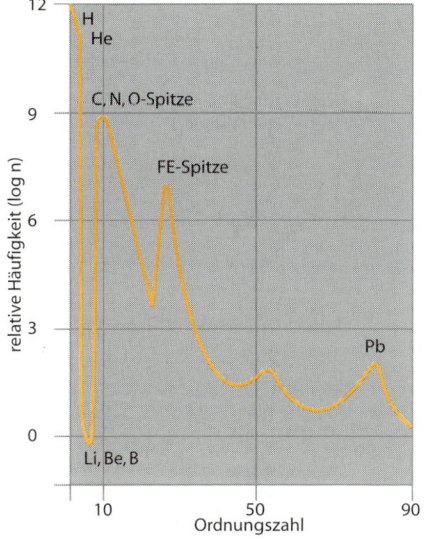

Abb. 12: Darstellung der relativen kosmischen Häufigkeit der Elemente.

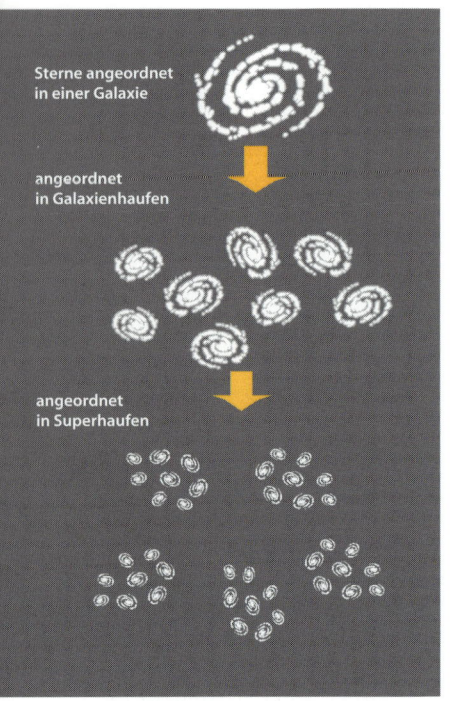

Abb. 13: Strukturhierarchie des Universums (schematisch dargestellt).
Bis zur Mitte des 20. Jahrhunderts hatten wir folgende Vorstellung von den Strukturen im Universum:
Die Sonne als Stern ist Mitglied einer aus 100 Millionen anderer Sterne bestehenden Galaxie (Milchstraße), außerhalb derer andere Galaxien ohne erkennbare Ordnung verstreut liegen. Seither wurden Beobachtungen durchgeführt, die nachweisen, daß unser Milchstraßensystem und weitere relativ nahe Galaxien eine eigene Struktur aus Galaxien bilden, sog. Galaxienhaufen. Jenseits solcher Galaxienhaufen sind sog. Superhaufen ausgemacht worden. Heute überrascht der Kosmos durch die neuentdeckte hochgradige Ordnung.

Problem der Galaxienbildung. Bei dem Versuch, die Bildung von Galaxien in der Frühphase des Universums zu verstehen, geraten Kosmologen allerdings in Schwierigkeiten. Gerade das Kernstück der Urknallkosmologie – die Deutung der von Gamov vorhergesagten und 1965 durch Zufall entdeckten Hintergrundstrahlung als "Echo des Urknalls" – erweist sich bislang als hartnäckiger Stolperstein jeder Galaxientheorie. Die im Rahmen der (jetzigen) Beobachtungsmöglichkeiten nahezu perfekte – sprich gleichmäßige – Hintergrundstrahlung ("Isotropie des Mikrowellenhintergrundes") paßt nicht zu der noch auf Größenskalen von Hundert Millionen Lichtjahren erkennbaren komplexen Organisation der Galaxienverteilung (**Abb. 13**). Deshalb muß gleich im Anschluß an das Problemfeld "dunkle Materie" über "Das perfekte Frühstadium des Universums" (Abschnitt 3.3) geredet werden. Dazu liegen uns aus jüngster Zeit Ballon- und Satellitenmessungen des Mikrowellen-Hintergrunds vor.

Schon vor 200 Jahren wurde als reines Gedankenkonstrukt als Alternative zum Schöpfungsbericht die Grundidee der Galaxienbildung von Immanuel Kant formuliert: Entsteht durch Zufall in einem weitgehend homogenen Gasgemisch eine lokale Verdichtung, so wird die erhöhte Schwerkraft noch weitere Materie aus der Umgebung anziehen. Es entstehen "Materieverdichtungen", und diese sollen sich auf mehr oder weniger geheimnisvolle Weise in Galaxien verwandelt haben.

Dieses grobe Kochrezept haben Astronomen längst verfeinert und mit einem mathematischen Rüstzeug ausgestattet. Die Veränderung des Spektrums isothermer oder adiabatischer Fluktuationen unter verschiedensten Umwelteinflüssen läßt sich heute, zumindest im einigermaßen linearen Bereich, bequem am Computer-Monitor verfolgen. Die Galaxienwirklichkeit hat man dabei allerdings bislang nur in Teilen getroffen.

Jüngste Beobachtungen von stark rotverschobenen – also nach der Urknall-Vorstellung weit entfernten – Galaxien, deren Spektrum auch das Vorhandensein von älteren Sternhaufengenerationen erkennen läßt, haben den Zeitpunkt der Galaxienbildung immer weiter in die Vergangenheit zurückgeschoben. Darüberhinaus verrät das Spektrum dieser Galaxien sogar die Anwesenheit von schweren Elementen. Da der Urknall in einer sog. "primordialen Nukleosynthese" durch Anlagerung von Neutronen und Protonen nur Helium und Deuterium, aber keinesfalls Kohlenstoff oder gar Eisen erzeugt haben soll, müssen diese Atome erst später von Riesensternen oder Supernova-Explosionen fusioniert worden sein. Demnach müßte eine erste, noch frühere Sterngeneration existieren, die noch keinerlei schwere Elemente enthält. Von dieser fehlt allerdings jede Spur. Eine intensive Suche hat begonnen.

Die "alten" Sterne mit Kohlenstoff und Eisen müßten allerdings älter sein als das Universum selbst und sollten über

Sternexplosionen schwerere Elemente fusioniert haben. Dieser Tatbestand ist als das "Altersparadoxon" in die Geschichte der Kosmologie eingegangen (s. Kapitel 4).

Die langsame Strukturbildung der Materie. Mit Computer-Simulationen hat man versucht, die Fluktuationen der Massenkonzentration, die nur noch dem Einfluß der Gravitation und der Expansion des Universums unterliegen, nachzuvollziehen. Zwar ergaben sich dabei mehr oder weniger überzeugende Materiemuster, aber offenbar ging dieser Prozeß viel zu langsam vonstatten. Wurde dagegen die Gravitation künstlich um einen Faktor 10 bis 100 erhöht, schien das Modell schon realistischer zu sein. Einmal mehr hatten die Astronomen die "dunkle Materie" "entdeckt".

"Dunkle Materie" eignet sich tatsächlich viel besser für eine frühe Strukturbildung des Universums, da sie sich auch in der heißen Plasmaphase nicht von elektromagnetischer Strahlung gängeln läßt. Schließlich ist "dunkle Materie" ebensowenig wechselwirkend, wie sie beobachtbar ist. Deshalb konnte – unter der Annahme ihrer Existenz – die Ausbildung lokaler Verdichtungen in der Geschichte des Kosmos bedeutend früher einsetzen, und am Ende des Plasmazustandes brauchte sich die gewöhnliche Materie, die nun von der Strahlung befreit war, nur noch den bereits vorhandenen Verdichtungen anzuschließen. Die unsichtbaren Hände der "dunklen Materie" hatten die galaktischen Geburtsstätten schon aktiviert. Diese Vorstellung hat das Problem der Galaxienbildung jedoch nicht gelöst, sondern nur verschoben, nämlich auf die ominöse, viel strapazierte "dunkle Materie", deren Natur nach wie vor im dunkeln bleibt. Teilchen, die in Frage kämen, liegen klar außerhalb der Reichweite heutiger Beobachtungsmöglichkeiten, falls es sie denn gibt! Immerhin läßt sich mit ihnen rechnen, und die Berechnungen zeigen, daß ihre Bewegungen in der Frühphase gering sein mußten. Deshalb heißen sie auch "kalt".

3.2 Es werde dunkel!

Wie es zur Vorstellung der "dunklen Materie" kam. Heute ist "dunkle Materie" geradezu ein Zauberwort, das eine zentrale Rolle in den Publikationen der modernen Astrophysik eingenommen hat. Man könnte fast den Eindruck bekommen, daß immer dann, wenn ein Astrophysiker davon überzeugt ist, daß an bestimmter Stelle im Weltall etwas Wirkendes vorhanden sein muß, aber selbst mit der Gesamtheit heutiger Beobachtungstechniken nichts festgestellt werden kann, von "dunkler Materie" gesprochen wird.

Jede der heutzutage favorisierten Theorien, die mit Größenordnungen oberhalb von Galaxien operiert und Gravitation als wesentliches Wirkungsprinzip enthält, funktioniert nicht ohne "dunkle Materie". Die Rotation der Spiralgalaxien ist dafür ein augenfälliges Beispiel.

Problem der Galaxienentstehung nach dem Urknallmodell

1. Die klumpenbildende Wirkung der Gravitation zur Bildung von kosmischen Strukturen benötigt mehr Zeit und mehr Materie, als man dem Urknall-Universum zubilligen kann.

2. Es werden immer fernere und somit ältere Galaxien mit schweren Elementen entdeckt, die den Zeitpunkt erster Galaxienbildung deutlich über die Datierung des Urknalls hinaus verschieben. Sie wären also älter als das Universum selbst und fordern zudem eine noch ältere Sterngeneration, die über Supernovae die schweren Elemente fusioniert haben müßte. (Die schweren Elemente können nur durch vorherige Sternexplosionen entstanden sein.) Denn ein wie immer gearteter Urknall konnte keine schweren Elemente aufbauen.

3. Im Rahmen der Urknalltheorie können Galaxien andererseits nicht beliebig früh entstehen. Die sog. Strukturbildung der Materie kann nämlich erst etwa 300 000 - 500 000 Jahre nach dem Urknall ihren Anfang genommen haben. Bis zu diesem Zeitpunkt befand sich das Universum im Zustand eines dichten, heißen Plasmas. Berechnungen zeigen, daß die Strahlung ausreichte, jede lokale Materieverdichtung zu verhindern. Erst als das Universum im Zuge seiner Expansion abgekühlt war, so daß sich elektrisch geladene Protonen und Elektronen zu neutralen Atomen zusammenfanden, wurden Dichteschwankungen von der Strahlung nicht mehr gedämpft.

Abb. 14: Großartiges Design einer Spiralgalaxie (NGC 4565)

Geheimnisumwitterte Galaxien. Hier sollen uns nur zwei Typen von Galaxien interessieren. Beide sind im Grunde noch immer voller Geheimnisse und in ihrer Natur unverstanden.

Spiralgalaxien. Sie gehören zu den schönsten Objekten des Universums (**Abb. 14**). In ihren riesigen Bogenarmen, deren klassische Form die Dynamik dieser gewaltigen Feuerräder wiederspiegeln, verbirgt sich ein Komplex von Sternen, Gas, Staub und Resten von Supernovae-Ausbrüchen. Ihre Dimensionen als individuelle Objekte – von deren Ansammlung in Form von Galaxienhaufen einmal abgesehen – sind bereits so groß, daß ein Lichtstrahl mit seinen 300.000 km/sec die Zeitspanne von über 1000 Menschenleben braucht, um von einer Kante zur anderen zu gelangen. Spiralgalaxien sind Objekte vom Typ der sog. "regulären Galaxien". Ihr Anteil an der Gesamtheit der Galaxien wird auf nur ca. 30% geschätzt (ca. 100 Milliarden im Bereich des beobachtbaren Universums). Sie sehen aus wie die typischen fliegenden Untertassen: Flach wie ein Pfannkuchen und riesig wie ein Segel. Die Bildung neuer Sterne wird in den Bereichen der Spiralarme angesetzt, wo sich genug interstellares Material zur Sternentstehung befindet. Ein buntes Nebeneinander von jungen und alten Objekten ist ein typisches Merkmal für das Innenleben einer Spiralgalaxie. Alle Objekte einer Spiralgalaxie beteiligen sich an einer gemeinsamen, geordneten Rotation. Sterne in der Nähe des Galaxienzentrums haben einen kleineren Weg zurückzulegen als weiter außen umlaufende Objekte. Deshalb sollten innere Sterne schneller umlaufen und mit zunehmendem Alter zu einem Aufspiralen führen, was auch die Verhältnisse der Umlaufgeschwindigkeiten in **Abb. 18** nahelegen. **Abb. 15** stellt diesen Vorgang schematisch dar. Aber Beobachtungen von Spiralgalaxien in unterschiedlichen Entfernungen – und nach der Modellvorstellung unterschiedlichen Alters – zeigen, daß dies nicht der Fall ist.

Was veranlaßt die Spiralstruktur von Galaxien? Wie in Abschnitt 3.1 beschrieben, gibt es einen Zusammenhang zwischen beobachteten Strukturen und den wirkenden Kräften. Eine Form ist Ausdruck wirkender Kräfte. Allerdings können Kräfte nicht immer direkt von Formen abgeleitet werden. Die Struktur von Spiralgalaxien – die als die beeindruckendste Form im Kosmos gilt – widerstrebt trotz über 40jähriger Forschungsarbeit einer schlüssigen Enträtselung. Einige Spiralgalaxien, wie NGC-3992 im Sternbild Ursa Major (Großer Bär), haben komplexe Strukturen von Spiralarmen und Balken. Eine schlüssige Theorie muß sowohl diese Strukturen als auch die "normaler" Galaxien klären. **Abb. 16** zeigt unterschiedlichste Formen von Galaxien in der üblichen Systematisierung. Kann dafür eine einzige Kraft verantwortlich gemacht werden? Oder welches geheimnisvolles Kräftespiel steckt dahinter? Nach Abb. 16 müssen aufgrund der gleichen Umlaufgeschwindigkeiten Sterne auf Bahnen mit kleinerem Radius in deutlich kürzerer Zeit einen Umlauf hinter sich bringen. Die logische Folgerung daraus wäre zunächst, daß es zu einem Aufspiralen von Strukturen kommen müßte.

Wäre der Galaxientyp Sd in **Abb. 16** eine junge Galaxie und Sa eine ältere, könnte man ein Aufspiralen erwarten. Werden die Vorstellungen des Urknallmodells zugrunde gelegt, dann würde man erwarten, daß weit entfernte Galaxien jünger sind; denn ihr Licht, das uns heute erreicht, war lange Zeit unterwegs und stammt aus deren Frühzeit. Allerdings finden die Astronomen alle Typen von Galaxien in allen Entfernungen. Im Kontext dieser Vorstellung folgt daraus: Es gibt kein Aufspiralen von Spiralgalaxien.

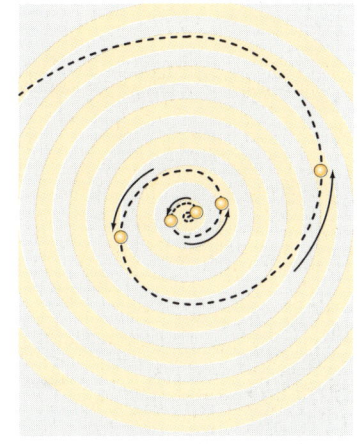

Abb. 15: Die Umlaufgeschwindigkeiten von Objekten innerhalb einer Spiralgalaxie sollten mit zunehmendem Alter zu einem Aufspiralen führen (s. auch Abb.18). Beobachtungen zeigen, daß dies nicht der Fall ist. Man bringt deshalb die Spiralstruktur in Verbindung mit Dichtewellen.

Abb. 16: Systematik der Galaxienformen.

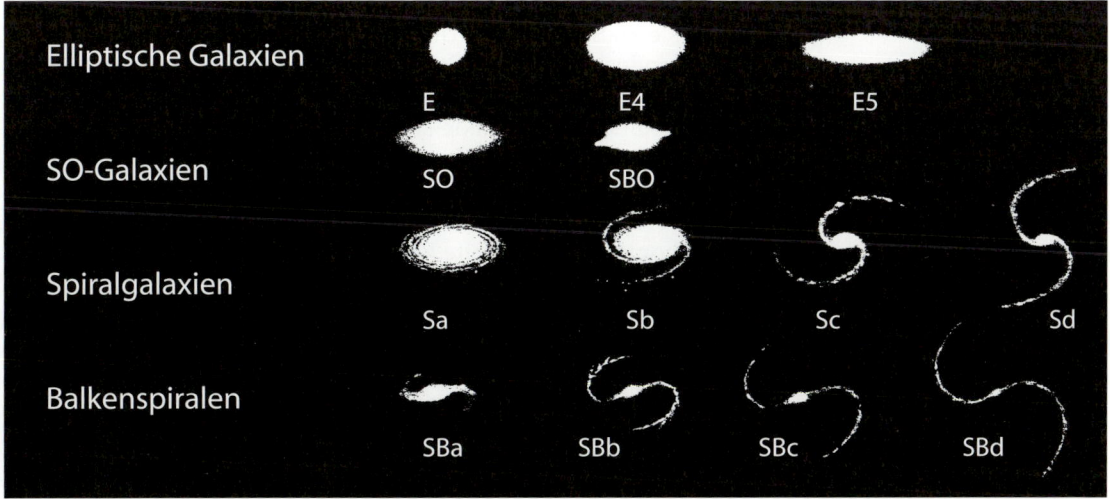

Deshalb sieht man sich vor die Aufgabe gestellt, einen Mechanismus zu finden, der trotz unterschiedlicher Bahnperioden der Sterne – wie aus der Beobachtung zweifelsfrei folgt – eine Spiralstruktur über Milliarden von Jahren erhalten soll. Dies ist als "Winding Dilemma" (Problem des Aufspiralens) in die Astronomie eingegangen.[12] Astronomen bieten dazu zwei konkurrierende Modelle an:

- die Theorie der Dichtewellen
- die Theorie der stochastischen Regeneration der Spiralarme

Theorie der Dichtewellen. Materie in Spiralgalaxien ist typischerweise verteilt auf umlaufende Sterne, Gas und Staub. Ähnlich wie in einem Verkehrsstau kann es zu Zusammenstößen von Sternen kommen. Dann kann eine Sternen-Stoßfront mit einer um 5% erhöhten Sterndichte durch die Galaxie laufen, wie eine Welle in einem ruhigen See, die nun aufgrund der unterschiedlichen Bewegungen der Sterne eine Spiralstruktur formt.

Problem: 1971 bestimmte Alar Toomre vom Massachusetts Institute of Technology, daß sich Dichtewellen in Millionen Jahren – also gemessen an der Erwartung relativ schnell – totlaufen, wenn sie nicht erneut stimuliert werden. Dafür kommen nahe Vorbeigänge von Galaxien in Frage. Allerdings gibt es viele Spiralgalaxien, die isoliert sind und keine direkten Nachbarn haben. Auch Supernova-Explosionen können als Auslöser gelten. Allerdings müßten sie dann häufiger und energiereicher sein, als es den heutigen Beobachtungen entspricht.

Theorie der stochastischen Regeneration der Spiralarme. Wenn eine Supernova von einer genügend dichten Gaswolke umgeben ist, wird die durch die Explosion ausgelöste Welle eine große Menge komprimierten Gases wie ein Schneepflug vor sich herschieben, was als Auslöser für Sternentstehung dienen kann. Je massiver diese neuen Sterne sind, umso schneller werden sie zu Supernovae, die den Zyklus dann erneut starten, bis ein großes Gebiet erfaßt ist. Diese zufällige Sternentstehung sollte Stränge bilden, die junge, blaue Sterne enthält. Im Laufe der Rotation der Galaxie sollte sich ein Aufspiralen einstellen, das sich aber bald verläuft zugunsten der Neubildung eines anderen Arms.

Problem: Das Modell setzt z. B. voraus, daß das interstellare Gas homogen über weite Bereiche einer Galaxie verteilt ist. Das ist unrealistisch, weil Sterncluster bekanntermaßen aus Molekülwolken entstehen, die irregulär geformt sind und unterschiedliche Zusammensetzung haben. Eine bestimmte Sternexplosion wird unterschiedliche Teile einer Wolke unterschiedlich beeinflussen. Da zum andern eine Sternentstehung die nächste triggert, sollten Altersunterschiede von Sterne entlang der Spiralarme festzustellen sein. Dies ist schwerlich der Fall.

Um diese Kurzdarstellung zusammenzufassen, muß gesagt werden: Man hat mit Hilfe von Hochgeschwindigkeits-Super-Computern Modelle weit vorangetrieben; Modelle können Spiralstrukturen simulieren. Das Problem ist jedoch deren Langzeitstabilität.

Elliptische Galaxien. Sie sind ganz anders aufgebaut (**Abb. 17**). Es gibt hier die unterschiedlichsten Formen – sogar Typen mit Kugelform. In ihrem Aufbau sind sie viel weniger von der Rotation des Gesamtsystems geprägt, denn, ähnlich wie im Halo der Milchstraße, laufen ihre Sterne in allen Richtungen um das Zentrum. Ihre Bewegungen sind so zufällig verteilt, daß sie mehr denen eines Mückenschwarms ähneln, ganz im Gegensatz zu den geordneten Bahnen einer flachen Spiralgalaxie. Die Räume zwischen den Objekten sind leergefegt; d. h. sie enthalten im Gegensatz zu den Spiralgalaxien keinerlei interstellare Materie.

Abb. 17: Elliptische Galaxie M 87. Sie besteht aus einer Masse von 10.000 Kugelsternhaufen.

Die Entstehung solcher Systeme ist nach wie vor wenig verstanden. Die elliptischen Galaxien sollen aus großen interstellaren Wolken ohne großen Drehimpuls entstanden sein. Die Bewegungen ihrer Sterne resultieren wohl in erster Linie aus dem freien Fall zum Gravitationszentrum hin.

Geordnete, aber starre Rotation. Trotz aller Ordnung in den Bewegungen der Objekte einer Spiralgalaxie gibt es einen wichtigen Unterschied zu den Bewegungen im Planetensystem, der zu einer ernsten Vertrauenskrise bezüglich der Gültigkeit des Gravitationsgesetzes geführt hätte, wenn die Astronomen nicht den Behelf mit der "dunklen Materie" eingeführt hätten.

Worin besteht der Unterschied zum Planetensystem (vgl. **Abb. 18**)? Beispielsweise läßt es Jupiter bei der Umrundung der Sonne sehr viel gemächlicher angehen als etwa die sonnennähere Erde. Hat Jupiter für einen Umlauf schon einen längeren Weg zurückzulegen, so bewegt er sich obendrein noch langsamer als weiter innen liegende Planeten, die sich wie alle Planeten im Sinne der Keplerschen Gesetze bewegen. Man sollte nun meinen, daß auch die Geschwindigkeit der Sterne bei ihrer Rotation um das Zentrum der Spiralgalaxien mit zunehmendem Abstand vom Zentrum nach außen immer mehr abfällt. Stattdessen zeigen aber alle beobachtbaren Spiralgalaxien – von der Zentralregion abgesehen – eine nahezu konstante Rotationsgeschwindigkeit von etwa 250 km/sec.

Bis zu einer Entfernung von ca. 300.000 Lichtjahren wissen wir, daß Spiralgalaxien in dem Sinne starr rotieren, als ihre Geschwindigkeit keine Funktion des Abstandes ist. Man

Abb. 18: Spiralgalaxie und Planetensystem mit Rotationskurven.
In einer Galaxie rotiert die Materie mit nahezu konstanter Geschwindigkeit im Gegensatz zu den Planeten in unserem Planetensystem.
Im oberen Bild ist die Geschwindigkeit mit entsprechenden Pfeilen dargestellt, während das untere Diagramm schematisch den Verlauf der jeweiligen Umlaufgeschwindigkeit wiedergibt.

spricht von einer flachen Rotationskurve. Die Bewegung der Sterne in der Nähe des Randes ist dabei viel zu groß, um noch von der Gravitationskraft der Masse der gesamten Galaxie "festgehalten" werden zu können. Randsterne müßten deshalb aus dem Karussell der Galaxie fallen. Ein Blick zum Himmel genügt: sie tun es nicht; zumindest nicht innerhalb beobachtbarer Zeiträume.

Um der Gravitation ausreichend Kraft zu verleihen, nehmen die Astronomen heute an, daß ein Vielfaches der sichtbaren Galaxienmasse in Form von "dunkler Materie" besonders im äußeren Teil der Spiralgalaxien vorhanden ist. Diese soll so verteilt sein, daß sich die beobachtbaren Rotationskurven ergeben. Hawking kommentiert: "Mir, und wie ich denke, den meisten Astronomen, würde es weit bedeutender erscheinen, den Ursprung von Galaxien zu verstehen, als Spekulationen über das Ereignis des Urknalls anzustellen, die möglicherweise nie geprüft werden können." [13]

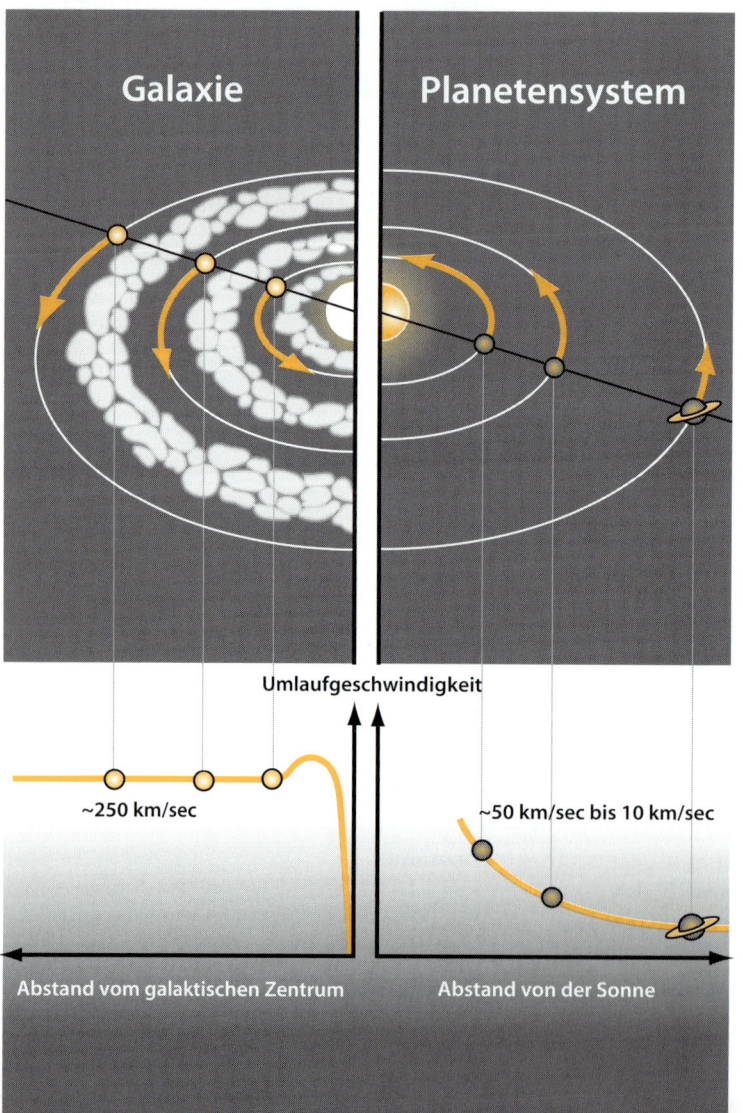

Heiße Wolken aus "dunkler Materie". Der Röntgensatellit ROSAT hat Mitte 1992 drei mit NCG 2300 bezeichnete Galaxien in einer Entfernung von 150 Millionen Lichtjahren im Sternbild *Cepheus* beobachtet. Dabei wurde entdeckt, daß sie in einer riesigen Wolke sehr heißen Gases von 10 Millionen Grad eingebettet sind. Astronomen haben ihre Masse mit 500 Milliarden Sonnenmassen geschätzt. "Eine derartige Wolke hätte sich schon vor langer Zeit im Weltraum auflösen müssen. Sie hätte dabei nichts zurückgelassen, was für uns noch festzustellen wäre, es sei denn, sie würde durch die Gravitation einer immensen Masse zusammengehalten. Die Masse, die nötig wäre, um die Wolke zusammenzuhalten, müßte 25mal größer sein als die Masse der drei vorhandenen Galaxien." [14]

Die Masse-Leuchtkraft-Beziehung. Die Verhältnisse der Masse-Leuchtkraft-Beziehung unterstreichen die Forderung nach "dunkler Materie". Sterne wie unsere Sonne haben einen Masse/Leuchtkraft-Quotienten von etwa 1. Heißere Sterne haben eine kleinere Kennzahl, weil sie mehr Energie abstrahlen im Vergleich zu ihrer Masse. Umgekehrt ist das Verhältnis größer für massenärmere und leuchtschwächere Objekte.

Sichtbare Masse in unserer Galaxie, die viele Rote Zwerge enthält, hat einen Quotienten von 2. Allerdings ist er für die (geforderte) totale Masse 5 mal höher. In anderen Galaxien findet man Verhältnisse von 10 bis 30. Doppelgalaxien und Galaxienhaufen haben Verhältnisse bis zu 300. D. h. riesige Mengen "dunkler Materie" sind gefordert, um diese Verhältnisse zu erklären.

Daraus folgt zunächst:

● Sollte das Gravitationsgesetz universellen Charakter haben und somit auch in Spiralgalaxien gelten, muß dort ein Vielfaches der sichtbaren Materie in Form von "dunkler Materie" vorliegen. Sonst müßten die Sterne bei den diskutierten langen Zeiträumen an der Peripherie einer Spiralgalaxie schon längst aus deren Karussell gefallen sein.

● Wir wissen, wo sich der Löwenanteil "dunkler Materie" in den Spiralgalaxien befinden muß. Wir wissen also genau, wo wir nach ihr zu suchen hätten.

● Wir kennen auch Eigenschaften dieser "dunklen Materie": Sie muß in ihrer Wirkung so gestaltet sein, daß sie zu den gemessenen Rotationskurven führt.

● 90 bis 95 Prozent der Masse des Universums – so die Forderung – befindet sich demnach in einer Materieform, die nicht aus unseren chemischen Elementen, aus Atomen und Protonen oder Neutronen, aufgebaut ist. Dieser exotische Stoff, von dem sich niemand eine konkrete Vorstellung machen kann, soll auch für den Aufbau von Galaxien verantwortlich sein.

Damit wissen wir schon recht genau, wonach wir zu suchen haben, wo wir es finden sollten und wie es wirken soll. Aber selbst mit diesem genauen Steckbrief müssen wir feststellen: Gesehen hat sie noch niemand. Trotzdem ist die "kalte, dunkle Materie" aus der Astrophysik nicht wegzudenken.

Heiße Kandidaten der "kalten, dunklen Materie".
a) Braune Zwerge. Braune Zwerge sind sehr kleine, kühle Objekte. Ihre Massen betragen weniger als 0,08 Sonnenmassen. Die Temperaturen steigen in deren Zentralgebieten nicht hoch genug, um thermonukleare Reaktionen in Gang zu setzen. Trotzdem leuchten solche Sterne, indem sie bei langsamem Schrumpfen die gewonnene Gravitationsenergie in Strahlungsenergie umsetzen. Nur mit hochempfindlichen, auf kryogene

Rotation von Galaxien

Die Gleichmäßigkeit der Rotation von Galaxien überraschte die Astronomen. Sie hatten erwartet, daß Sterne in Galaxien um ein gemeinsames Zentrum rotieren, ähnlich wie es Planeten (a) um die Sonne tun. Merkur, der innerste Planet rotiert mit rund 50 km/sec, während der äußerste Planet Pluto mit nur etwa 5 km/sec umläuft. Im Gegensatz dazu bewegen sich Sterne in unserer Galaxie (b) mit etwa 250 km/sec unabhängig von ihrer Entfernung vom Zentrum. Die einzige akzeptierte Erklärung ist, daß die sichtbaren Objekte einer Galaxie von einem großen Anteil „dunkler Materie" umgeben sind, der sozusagen als „Klebstoff" wirkt.

a)
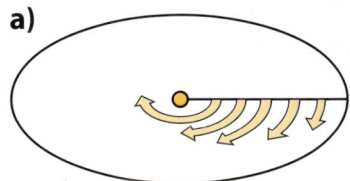

b)
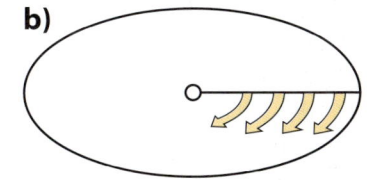

Temperaturen abgekühlten Sensoren ist es prinzipiell möglich, sie zu beobachten.

Bisher war die Existenz Brauner Zwerge nur eine Hypothese. Mitte 1993 hat jedoch ein holländischer Astronom den Nachweis für sich reklamiert. Der im Infrarotteil des elektromagnetischen Spektrums arbeitende Satellit IRAS (InfraRed Astronomical Satellite, **Abb. 19**) hat im Objekt Cha-I 133 Punktquellen entdeckt, die für solche Protosterne gehalten werden. Durch die Entwicklung entsprechender Software und die Kombination unterschiedlicher IRAS-Beobachtungen wurde die Zahl der in Cha-I gefundenen Objekte auf 429 erhöht. (Da Sterne mit ihrem Alter nachdunkeln, kann man aus der Helligkeit von Protosternen nicht direkt auf ihre Masse schließen. Erst über komplizierte Vergleiche theoretischer Modelle und der Leuchtkraftfunktion konnte das approximiert werden.) Als Ergebnis wurde ein Alter von nur einer Million Jahre ermittelt.

Um das Ergebnis zu bestätigen, sind weitere Untersuchungen nötig, insbesondere bei noch kürzeren Wellenlängen. So hat das Hubble-Weltraumteleskop im November 1995 ein an den Stern Gliese 229 gravitativ gebundenes jupitergroßes Objekt gefunden. Dies gilt als der bislang beste Nachweis der Existenz extra-solarer Planeten. Allerdings steht die Bestätigung einer planetenähnlichen Umlaufbahn noch aus.

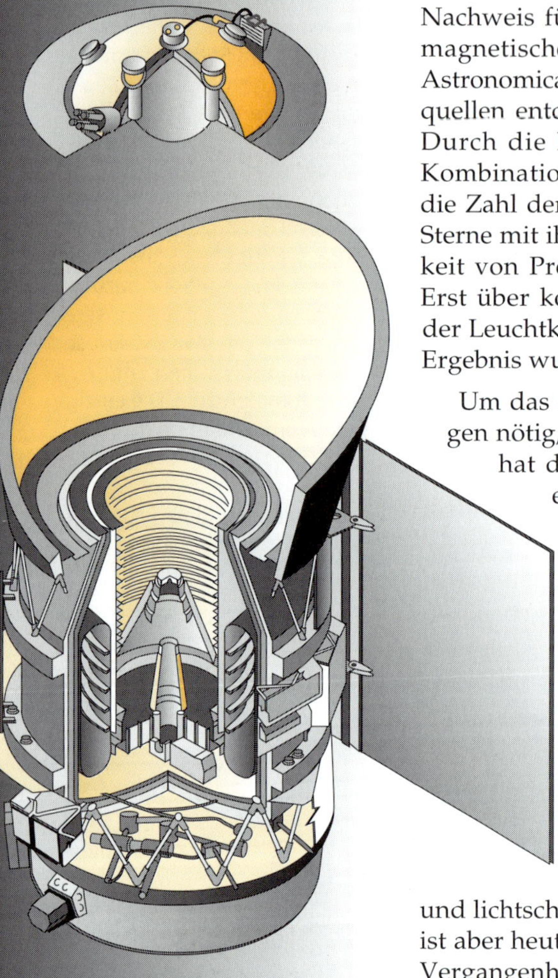

Für den Moment muß festgehalten werden: Braune Zwerge waren lange Zeit Hoffnungsträger für die Astronomen. Gewöhnliche, jupitergroße Objekte, die zu klein sind, um in ihrem Inneren die Bedingungen für Kernfusion auszulösen, aber groß genug, um die gebrauchten Gravitationseffekte auszulösen, gehören zu Körpern, die in entsprechend großer Entfernung und lichtschwacher Umgebung unentdeckt bleiben könnten. Es ist aber heute allgemein akzeptiert, daß eine solche Lösung der Vergangenheit angehört, auch wenn sie immer wieder bemüht wird. Es drängt sich nämlich die Frage auf, woher die gesuchten Unmengen von Braunen Zwergen kommen sollen.

Aber gerade die Dichte der "sichtbaren Materie" war jedoch die Voraussetzung für die Berechnung der Deuterium-Produktion im frühen Universum gewesen, die eine so schöne Übereinstimmung mit der Beobachtung erzielt hatte. Um mit dieser entscheidenden Stütze des Urknalls nicht in Widerspruch zu geraten, greifen manche zur Spekulationen, daß die "dunkle Materie" nicht aus den üblichen Baryonen (schwere Elementarteilchen mit halbzähligem Spin) besteht.

b) Neutrinos. Neutrinos wären zunächst naheliegend gewesen, besitzen sie doch zumindest eine Entdeckungschance im Vergleich zu den zusätzlich eingeführten exotischen Teilchen.

Abb. 19: Der Satellit IRAS

Neutrinos zählen allerdings zur "heißen dunklen Materie", da sie im Zeitraum der Galaxienentstehung – auch wenn mit Ruhemasse behaftet – relativistische Geschwindigkeiten besessen haben müssen. Diese schnelle Bewegung hätte dafür gesorgt, daß Fluktuationen unterhalb der Größenordnung eines Galaxien-Superhaufens schnell ausgeglichen worden wären. Gebildete Strukturen wären wieder verwischt worden.

"Heiße, dunkle Materie" führt daher zur Galaxienentstehung "von oben". Das heißt: Zunächst kollabieren riesige Gaswolken zu pfannkuchenähnlichen Verdichtungen, die später die Superhaufen markieren. Diese Pfannkuchen zerfallen, und schließlich entstehen einzelne Galaxien. Abgesehen davon, daß die Experimente von GALLEX schwere Neutrinos ausschließen und die Muster der Computer-Simulationen nur schwach an die tatsächliche Galaxienverteilung erinnern, hat dieses Modell ein entscheidendes Defizit: Die frühesten Galaxien entstehen erst drei oder mehr Milliarden Jahre nach dem Urknall und hätten, könnten wir sie heute beobachten, eine relativ geringe Rotverschiebung. Zudem ist dieses Modell trotz "dunkler Materie" ohne zusätzliche Winkelzüge viel zu langsam.

Um von Neutrinos die gewünschte Gravitationswirkung zu erhalten, hat man deren zu erwartende Mindestmasse abgeschätzt. Sie muß knapp 100 eV/c² betragen, was nach den Messungen des GALLEX-Experiments nicht der Fall sein kann. Die maximale Masse eines Neutrinos liegt unter 30 eV/c².

c) Andere Kandidaten. Auch die weitverbreitete interstellare Materie sowie das Phänomen Schwarzer Löcher hat man als Lösungsansatz untersucht. Allerdings sucht man heute die Antwort vermehrt in noch nicht entdeckten Teilchen einer Antimaterie, so daß nach heutiger Kenntnis davon ausgegangen wird, daß sich über 90 Prozent der Masse des Universums in einer Materieform befindet, die nicht aus unseren chemischen Elementen besteht, aus Atomen, Protonen oder Neutronen. Dieses exotische Material, bestehend aus "Photinos", "Gravitinos" und "Axionen", wird zur Erklärung der Existenz auch unsrer Galaxie herangezogen.

Nach all den Diskussionen stellt sich die Frage: Verdanken wir also tatsächlich unsere Planeten, unsere Sonne und die Galaxie dem frühzeitigen Versammlungsstreben exotischer, unbeobachtbarer Teilchen?

Fest steht, daß sich kein Modell der Galaxienentstehung an der überraschenden Ordnung im Reich der Galaxien herumdrücken kann.

Die "allgegenwärtige dunkle Materie" ist nicht überall.
Nach dem bereits Gesagten müßte man den Eindruck haben, daß die "dunkle Materie" überall sein muß. Mitte 1993 hat die Untersuchung der Sternbewegungen in dem Objekt M105, einer normalen elliptischen Galaxie im Sternbild Leo, jedoch

Dunkle Materie

Frühere Hoffnungen, bei der "dunklen Materie" könnte es sich um relativ gewöhnliche Objekte handeln, wie extrem leuchtschwache Zwergsterne, um interstellare Materie oder um Schwarze Löcher, sind wohl Vergangenheit. Mehr als 90 Prozent der Masse auch unserer Galaxie soll sich demnach in einer zur Zeit nicht näher bestimmbaren, jedenfalls unsichtbaren Materieart verborgen halten.

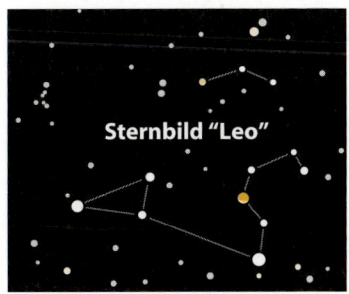
Sternbild "Leo"

34

Kalte, dunkle Materie

Als Kandidaten für "kalte, dunkle Materie" kommen in heute favorisierten Galaxienentstehungsmodellen sog. schwach wechselwirkende, massive Teilchen in Frage, die klar außerhalb der Reichweite heutiger Beobachtungsmöglichkeiten liegen.

Massenbestimmung von Galaxien

Objekte laufen unter dem Einfluß der Gravitation um das Zentrum der Galaxie. Je schneller sie umlaufen, desto mehr Materie wird benötigt, um sie zusammenzuhalten. Da die Gravitation proportional zur Masse ist, können Astronomen Galaxien wiegen: Sie messen die Rotationsgeschwindigkeit der Sterne und schließen auf die Masse der Galaxie, die sie zusammenhält.

ergeben, daß sie keine "dunkle Materie" enthalten darf. [15]

Genauergenommen ist man erst über einen Zwischenschritt an die wirklichen Verhältnisse gekommen: Da die Sternbewegungen in einer elliptischen Galaxie schwierig zu messen sind, hat man die Geschwindigkeit von planetaren Nebeln untersucht. Sie sind heller und senden die meiste Strahlung bei spezifischen Wellenlängen aus, so daß sie eindeutig zu beobachten sind.

Das Verhalten der Objekte in M105 ist derart, daß dort keine "dunkle Materie" sein darf. Ist nun M105 eine typische elliptische Galaxie? Um diese Frage zu beantworten, ist es viel zu früh. Dieses Beispiel soll lediglich eine Warnung an den Astronomen sein, "dunkle Materie" überall als garantiert anwesend zu betrachten.

Großraumstrukturen, die es nicht geben dürfte. Schon lange bevor die außergalaktische Position der Spiralnebel zweifelsfrei erwiesen war, ist den Astronomen eine ausgesprochene Geselligkeit der Nebelobjekte aufgefallen. So gibt es Gebiete, die vor Galaxienreichtum strotzen, andere Himmelsgebiete erscheinen völlig galaxienfrei. Aber erst die aufwendige und leider immer noch sehr grobe Entfernungsbestimmung brachte das räumliche Verteilungsmuster der Galaxien ans Tageslicht. Da wurden Brücken aus Plasma und verstreute Galaxien zwischen riesigen Galaxienhäufungen entdeckt, die wiederum durch fließende Übergänge mit ähnlichen Gebilden verbunden sind, bis schließlich Formen von tausendfacher Galaxiengröße erkennbar wurden. Der Perseus-Pisces-Pegasus-Superhaufen z.B. besteht aus einer dünnen Kette aus rund 20 lose miteinander verbundenen Galaxienhaufen, die sich über eine Entfernung von nahezu einer Milliarde Lichtjahre erstreckt.

1989 wurde die dreidimensionale Verteilung von insgesamt 15 000 Galaxien dargestellt. Dabei fand sich eine gewaltige Wand aus Galaxien: etwa 500 Millionen Lichtjahre lang, rund 200 Millionen Lichtjahre breit und lediglich 15 Millionen Lichtjahre dick. Sie erhielt den plakativen Namen "Große Mauer". Diese Formationen sind zu groß, um in der "kurzen" Zeit seit dem postulierten Urknall entstanden zu sein. Dafür müßte das Universum um Größenordnungen älter sein. **Abb. 20** gibt einen Eindruck von der Ansicht unserer galaktischen Umgebung für einen Beobachter in einer Entfernung von Milliarden Lichtjahren.

Dann blicken wir im Sternbild Bootes in einen etwa 100 Millionen Lichtjahre messenden kosmischen Leerraum, in dem die mittlere Galaxiendichte nur einen Bruchteil des üblichen Wertes besitzt. Hier ist die Gravitationskraft als Erklärungsversuch offenbar völlig fehl am Platze. Gewaltige Explosionen, etwa von zahlreichen Supernovae während der Entwicklungsphase der Galaxien, sind stattdessen vorgeschlagen worden.

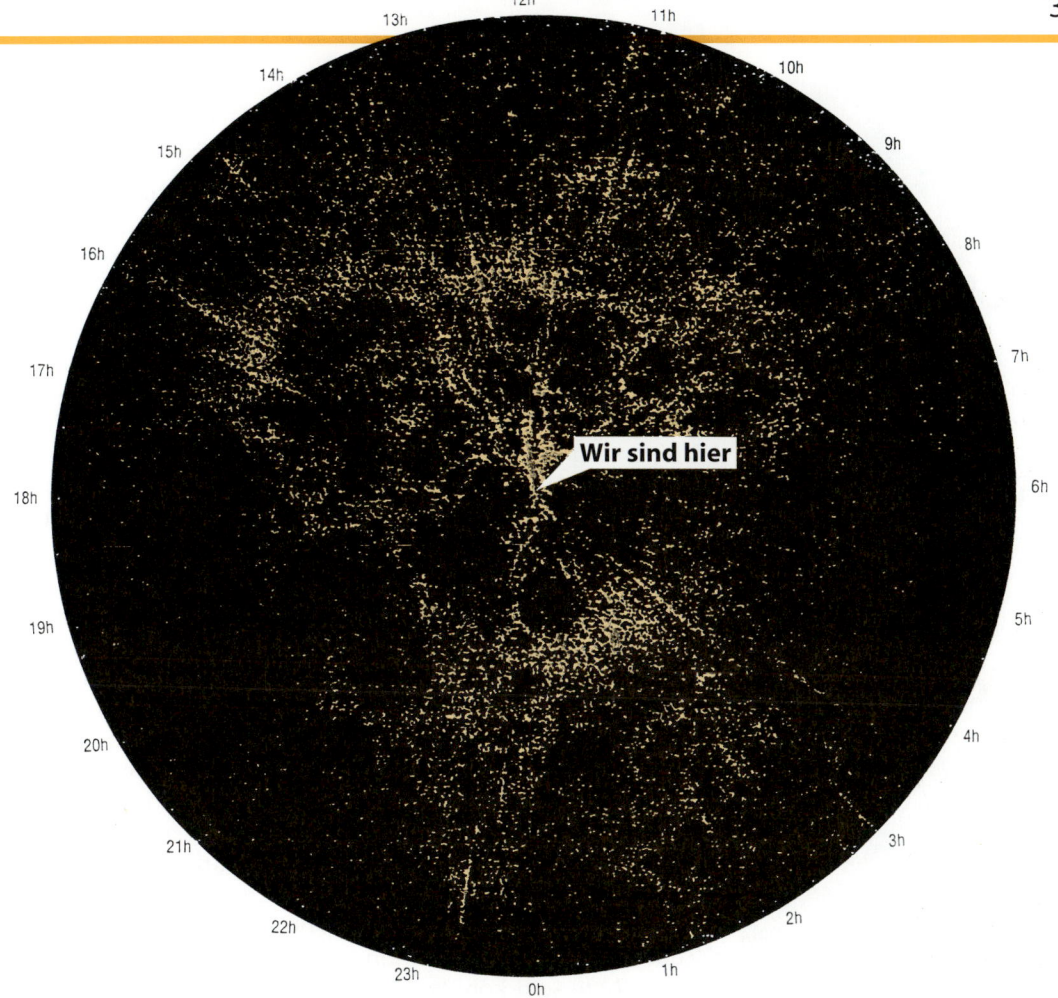

Wir sind hier

Abb. 20: Die „neueste Karte des Kosmos" [16]

Diese runde Karte versucht, unsere kosmische Umgebung aus der Sicht eines virtuellen Beobachters darzustellen, der in einer Entfernung von einigen Milliarden Lichtjahren senkrecht zur Ebene unserer Milchstraße ein lichtstarkes Teleskop auf uns richtet. Unsere eigene Galaxie ist zu einem kleinen Punkt geschrumpft, umgeben von Ansammlungen tausender von Galaxien in unterschiedlichsten Mustern.
Die Erstellung der Karte erfolgte derart, daß ein 36° hoher Keil über den vollen Raumwinkel

von 360° nach Objekten abgesucht wurde. Wir sehen von unserem Standort im Zentrum aus in einen Raum, der sich über 500 Millionen Lichtjahre von der Erde aus erstreckt. (Zum Vergleich: die nächste Galaxie, die Magellansche Wolke, ist 100.000 Lichtjahre entfernt, während die entferntesten Quasare in einer Entfernung von 5 bis 10 Milliarden Lichtjahren gesehen werden.) Die auffallendste Struktur sind die sog. „Finger Gottes": Galaxien scheinen derart angeordnet zu sein, daß sie in speichenartiger Formation auf uns weisen. Diese Struktur ist insofern nicht ganz echt, als nicht die Entfernungen, sondern die Rot-

verschiebung in den Spektren aufgetragen ist. Dies verursacht eine gewisse Unsicherheit durch die Eigenbewegungen der Objekte in Galaxienhaufen. In der oberen Hälfte der Karte kann man zwischen den Koordinaten 9 und 16 Uhr am nördlichen Himmel die sog. „Große Wand" sehen. Das helle Feld über uns ist der sog. „Virgo-Haufen". Daneben gibt es auffallend große Leerräume, an deren Begrenzung sich Anlagerungen von Galaxien häufen. Warum sich gerade entlang der Leerräume Galaxien häufen, ist eines von vielen Geheimnissen der Kosmologie. Von diesem Bild ist das Modell des „Seifenblasen-Universums" abgeleitet.

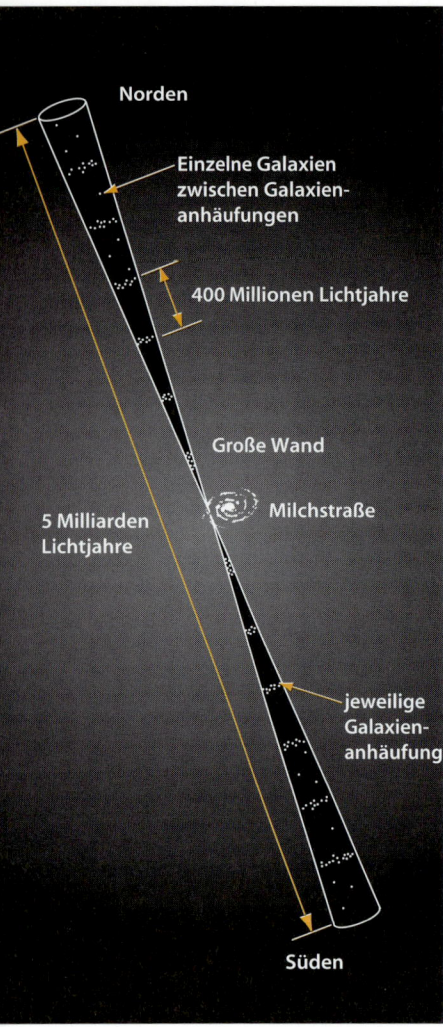

Norden

Einzelne Galaxien
zwischen Galaxien-
anhäufungen

400 Millionen Lichtjahre

Große Wand

Milchstraße

5 Milliarden
Lichtjahre

jeweilige
Galaxien-
anhäufung

Süden

Abb. 21: In regelmäßigen Abständen werden über eine Entfernung von 5 Milliarden Lichtjahren von den Astronomen Ansammlungen von Galaxien beobachtet, wenn sie in entgegengesetzte Richtungen schauen. Man kann von einer „kosmischen Sprossenleiter" sprechen.

Doch keine bekannte Art kosmischer Explosionen scheint imstande zu sein, ein derart großes Gebiet in wenigen Milliarden Jahren zu evakuieren.

Das heißt zusammengefaßt: Die aus der Rotverschiebung der Spektren geschlossene Expansionsgeschwindigkeit kosmischer Objekte widerspricht den Wachstumsraten von Großraumstrukturen im Universum.

Im Rahmen "dunkler Materie" gibt es auch hier – wie könnte es anders sein – freilich einen Ausweg. Man nimmt an, daß der überwiegende Materieanteil im Universum, der sich ja in der "dunklen Materie" verbirgt, sehr viel gleichmäßiger im Universum verteilt ist. Während der kleine Prozentsatz beobachtbarer Materie Leerräume vorgaukelt, seien diese tatsächlich nur geringfügig weniger materieerfüllt als etwa der galaxienreiche Virgo-Haufen.

Galaxienräume in Form von Zwiebelschalen. Doch dann gab es eine Überraschung: Im Laufe des Jahres 1992 hat eine britisch-kanadische Forschergruppe anhand von Daten des ehemaligen Infrarotsatelliten IRAS eine besonders umfangreiche Galaxiendurchmusterung über die gesamte Himmelskugel erstellt. Aus Rotverschiebungen wurden Entfernungen ermittelt und schließlich ein dreidimensionales Bild der Galaxienverteilung gewonnen. Der betrachtete Raum mit einem Radius von etwa 200 Millionen Lichtjahren wurde dann in gleichgroße kubische Zellen zerlegt. Zum Erstaunen der astronomischen Fachwelt stellte sich dabei heraus, daß selbst bei groben Zellenskalen von 60 Millionen Lichtjahren von Homogenität keine Rede sein konnte. Raumbereiche mit erhöhter Galaxiendichte sind keine zufällige Erscheinung, sondern reihen sich über mehrere Zellen hinweg periodisch aneinander, gerade so, als seien sie auf der Oberfläche riesiger Blasen angeordnet. Für diese gequantelte Anordnung von Galaxienräumen in Form von "Zwiebelschalen" gibt es bis heute keine Erklärung. (Ausführliche Darstellung in Abschnitt 3.4 "Gequantelte Galaxienräume".) **Abb. 21** zeigt schematisch die Galaxienhäufung entlang eines 5 Milliarden Lichtjahre langen Sehstrahls.

Damit nicht genug: Jede Theorie der Galaxienentstehung, die mit dem Urknall-Modell konsistent sein will, steht seit kurzem vor einem schier unlösbaren Paradoxon, ganz unabhängig davon, wie die Galaxienbildung im einzelnen vonstatten ging. Denn ein grobes Abbild der heutigen Galaxienverteilung muß dem alten Universum in Form angedeuteter Strukturen der Hintergrundstrahlung nachweisbar anhaften. Im Rahmen des Urknall-Modells gibt es nun ein Problem: Diese Spuren gibt es in dem zu erwartenden Maß nicht!

3.3 Das perfekte Frühstadium des Universums

Die einen reden vom Durchbruch des Jahrhunderts für die Urknalltheorie, andere von ihrem Tod. Die Rede ist von Strukturen in der Strahlung des "frühen" Universums, die uns die Kondensationskeime der Galaxienbildung darstellen sollten.

Auf dieses Problem hat man den amerikanischen Satelliten COBE angesetzt. Seit dem Jahre 1990 werden die Messungen durchgeführt. Ihre Interpretation ist allerdings unsicher.

Hintergrund. Die aus der Rotverschiebung abgeleitete allgemeine Expansion des Universums soll im Frühstadium durch Abkühlung zu einem Phasenübergang vom heißen Plasmazustand in den der kühleren Atome geführt haben. Diese Entkoppelung von Energie und Materie soll 300.000 - 500.000 Jahre nach dem Urknall stattgefunden haben (s. **Abb. 10**). Die damalige Wärmestrahlung durcheilt so noch heute in allen Richtungen den Kosmos. Da sich das Universum bis heute um einen Faktor von mehr als 1000 ausgedehnt haben soll, sind die Wellen der Hintergrundstrahlung in gleichem Maße "gedehnt" worden und täuschen heute eine entsprechend niedrige Ursprungstemperatur von 2,7 Kelvin vor. **Abb. 22** zeigt Meßpunkte des Mikrowellenhintergrunds im Bereich von Wellenlängen zwischen etwa 0,05 und 100 cm. Sie passen modellhaft zur sogenannten "Schwarz-Körper-Strahlung"eines 2,7 Kelvin kalten Körpers. Die zufällige Entdeckung einer Hintergrundstrahlung im Jahre 1965 wurde als ein entscheidender Durchbruch für das Urknall-Modell gewertet.

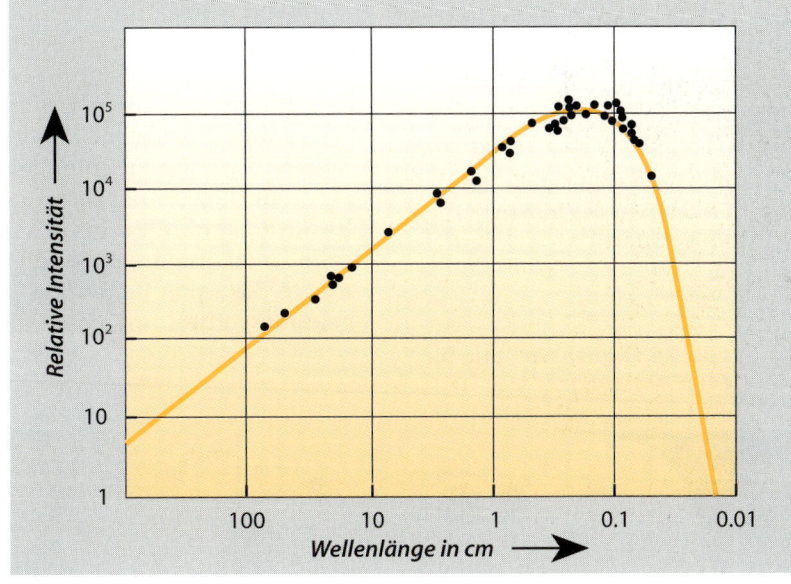

Abb. 22: Meßpunkte des Mikrowellenhintergrunds im Bereich von Wellenlängen zwischen etwa 0,05 und 100 cm.
Sie passen modellhaft zur sog. "Schwarz-Körper-Strahlung" eines 2,7 Kelvin kalten Körpers.

Die Mikrowellen-Hintergrundstrahlung bietet im Rahmen dieser Deutung eine einzigartige Möglichkeit, das frühe Universum mit heutigen Instrumenten unter die Lupe zu nehmen. Alle späteren globalen Ereignisse, wie etwa die Entstehung der Galaxien – und damit schließt sich thematisch unser Kreis – müssen in der Hintergrundstrahlung meßbare Spuren hinterlassen haben. So sollten die anfänglichen Dichtefluktuationen zu Abweichungen in der Spektralstruktur führen.

Prognoz-9. In den letzten 30 Jahren suchten Kosmologen erfolglos nach diesen Effekten in der Hintergrundstrahlung. Schon 1983 hatte die sowjetische Sonde Prognoz-9 zu diesem Zweck den gesamten Himmel bei einer Wellenlänge von 8 mm vermessen und dabei wichtige Erkenntnisse zutage gefördert. Die Auflösung hätte für Temperaturabweichungen von 1:1000 gerade ausgereicht, aber Spuren der Galaxienentstehung wurden nicht gefunden.

COBE. Ende 1989 wurde dann der Cosmic Background Explorer COBE (**Abb. 23**) in seine 900 km hohe Erdumlaufbahn gestartet. Mit immensem Aufwand sollte es nun gelingen, der Hintergrundstrahlung das Geheimnis der Galaxienbildung zu entlocken.

Diesem Ziel liegt folgender Gedanke zugrunde: Heute ist die Materie im Kosmos alles andere als isotrop (gleichmäßig) verteilt. Wir sehen eine eindeutige Hierarchie von Strukturen – Planeten, Sterne, Galaxien, Galaxienhaufen und Galaxiensuperhaufen mit möglicherweise heute noch unentdeckten, größeren Strukturen (vgl. **Abb. 13**). Woher sollen sie gekommen sein? COBE-Daten sollten uns helfen, Antworten zu finden, denn alle Strukturen sollten sich in Form von Dichtefluktuationen im frühen Universum abgebildet haben. Diese "Kondensationskeime" sollte COBE aufspüren. Der **Abb. 24** ist das Szenario zu entnehmen, das man den COBE-Messungen unterlegt. Es ist dabei notwendig, die Störstrahlung der Restatmosphäre zu berücksichtigen. Auch der Satellit und seine Instrumente strahlen im Mikrowellenbereich. Daher mußte das optische System permanent mit flüssigem Helium gekühlt werden, um diese Effekte möglichst einzugrenzen.

Abb. 23: COBE-Satellit zur Erkundung des frühen Universums

Abb. 24: Urknall-Szenario für COBE-Messungen

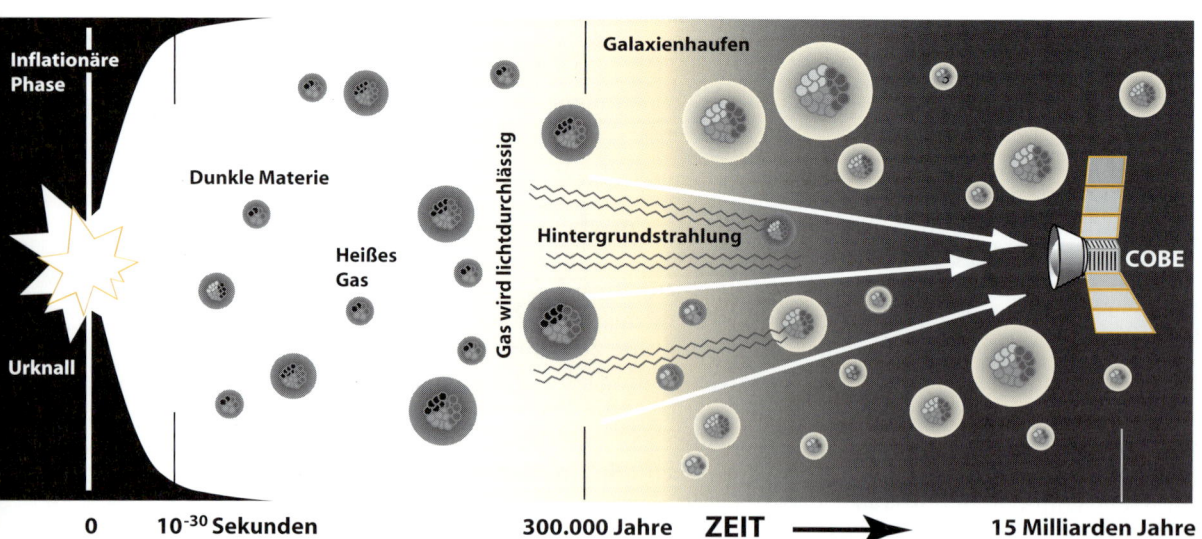

Inflationäre Phase

Galaxienhaufen

Dunkle Materie

Heißes Gas

Gas wird lichtdurchlässig

Hintergrundstrahlung

COBE

Urknall

0   10⁻³⁰ Sekunden   300.000 Jahre   **ZEIT** ⟶   15 Milliarden Jahre

In den Daten aus dem ersten Beobachtungsjahr fanden die Experimentatoren erstmals Hinweise auf Anisotropien (Schwankungen) in der Temperatur der Hintergrundstrahlung mit einer Amplitude von HΔT/T = 10^{-5} K (vgl. **Abb. 25**).

"Sie zeigten sich erst, nachdem die Wissenschaftler aus den Daten die Mikrowellenemission der Milchstraße, des Mondes und des Jupiters sowie eine Dipolanisotropie, die von der Bewegung unserer Milchstraße relativ zur Hintergrundstrahlung herrührt, subtrahiert hatten. Das Restsignal ist dann allerdings so schwach, daß es sich nicht aus dem Detektorrauschen heraushebt. Dementsprechend fanden die Wissenschaftler die Anisotropien erst mit einer Korrelationsanalyse zwischen den drei Wellenlängenkanälen des DMR (Differential Microwave Radiometer). Die in der **Abb. 25** sichtbaren "Flecken" zeigen sowohl das Detektorrauschen als auch einige echte Anisotropien." [17]

"Die maximal gemessene Temperaturdifferenz beträgt allerdings nur ein 13 Millionstel Grad." [19] Dieser unbedeutende Temperaturunterschied wurde innerhalb von Bereichen ermittelt, die etwa 500 Millionen Lichtjahre voneinander entfernt sind. "In Wirklichkeit jedoch erscheint der kosmische Strahlungshintergrund auf mindestens 1/100.000 konstant zu sein, was nahe an einem Wert liegt, bei dem die Urknalltheorie fallengelassen oder einschneidend verändert werden muß." [20]

"Die COBE-Karte des Mikrowellen-Hintergrunds des Himmels ist überlagert von Instrumentenrauschen. Grob 2/3 der Daten, die auf der Karte sichtbar werden, haben ihren Ursprung in COBE selbst oder in bislang unerkannten nahege-

Abb. 25: COBE-Atlas. Diese Himmelskarte vom Mikrowellenhintergrund (als Oval projiziert) soll die Kondensationskeime heutiger Strukturen im Kosmos in Form von Temperaturunterschieden wiedergeben: orange Felder geben Hinweise auf 0,01% wärmere und hellgraue Felder auf 0,01% kältere Gebiete als die Durchschnittstemperatur von 2,73 Kelvin. Allerdings sind die meisten Muster durch Unsicherheiten ("Rauschen") der Instrumente selbst ausgelöst. Statistische Analysen geben jedoch auch Hinweise auf die Gegenwart einiger kosmologisch relevanter Signale. [18]

legenen Quellen, und nicht in dem ursprünglichen Universum. Ich kann nicht stark genug betonen, daß man nicht einfach irgendeinen Punkt betrachten und sagen kann: das ist eine kosmische Fluktuation. Nur indem man mathematische Analyseverfahren anwendet, wie z. B. das Errechnen des statistischen Durchschnitts, kann man beweisen, daß manche der Flecken nicht künstlich von Instrumenten hervorgerufen sind."[21]

Das Ergebnis war bislang also nicht von der gewünschten Eindeutigkeit. Zwar wurden Mikrowellenstrahler innerhalb der Galaxie entdeckt, aber die ersehnten Kondensationskeime konnten in der erwarteten Weise nicht gefunden werden. Selbst Temperaturabweichungen von 1: 25.000 kann COBE nachweisen. Die Instrumente sind so empfindlich, daß sie die Energie einer gewöhnlichen Glühbirne in Bonn noch auf einer Briefmarken-großen Fläche in Berlin messen können. Im Laufe der Mission sollte die Empfindlichkeit noch weiter gesteigert werden, doch die Hoffnungen schwanden von Tag zu Tag.

Ballon-Beobachtungen (Abb. 26). Im Gegensatz zu COBE, der im Laufe seiner Mission den ganzen Himmel abtastete, hat die Ballon-Mission vom Dezember 1989 über New Mexico nur ein Drittel des Himmels abgedeckt. "Das Ballon-Team entdeckte um 1991 Hinweise auf die kosmischen Schwankungen. Doch es mußte immer noch die Möglichkeit ausgeschlossen werden, daß die Signale von nicht-kosmischen Quellen ausgegangen waren. Die an dem Projekt Arbeitenden konnten durch einen Vergleich zwischen ihrer Karte und der von IRAS erstellten Strahlungsstruktur aus der Milchstaße Objekte identifizieren und damit eliminieren. Systematische Fehler in den Instrumenten hätten auch irreführende Merkmale verursacht haben können, doch die Übereinstimmung zwischen den Daten von Ballon- und COBE-Messungen machen diese Möglichkeit unwahrscheinlich."[22]

Ein Nachteil der COBE-Daten im Gegensatz zu den Ballon-Messungen ist deren schlechte Auflösung. "Die kosmischen Strukturen, die sie entdeckt haben, sind in der Tat riesig; sie sind größer als die größten Leerräume und Supercluster von Galaxien, die bisher mit optischen Teleskopen entdeckt worden sind."[23] Deshalb warteten Wissenschaftler gespannt auf weitere Untersuchungen mit höherer räumlicher Auflösung. "Die Beobachtungen mit feineren Meßinstrumenten sollten eigentlich für die Aussagen über Strukturbildung von größerer Bedeutung sein."[24] Aber auch hier lassen die Daten an eindeutiger Aussage zu wünschen übrig: "Es könnte kosmologisch oder auch galaktisch sein; wir können darüber noch keine genauen Aussagen treffen."[25]

Die Effekte waren so unbedeutend, daß das Team drei Jahre Computerauswertung zur Bestätigung ihrer Existenz brauchte. "Als die Daten zur Erde gefunkt wurden, war darin eine klare

Abb. 26: Trotz des Satellitenzeitalters finden Ballonflüge immer noch für spezielle Meßaufgaben Anwendung.

Temperaturvariation zu sehen. Unser Problem dabei war, daß wir nicht sagen konnten, ob diese von der Hintergrundstrahlung oder von einer eher lokalen Quelle stammte. Sie konnte von unserer Galaxie, der Atmosphäre oder auch vom Instrument selbst verursacht sein." [26]

Lyman Page von der Princeton University stellt fest: "Jeder sieht irgend etwas. Das Problem dabei ist nur: niemand ist sich ganz sicher darüber, ob das, was er sieht, wirklich durch die Abstrahlung des Urknalls verursacht, oder ob es nicht anders zu erklären ist . . . Es könnte sein, daß alle seither gemachten Beobachtungen von Infrarotstrahlungsquellen kontaminiert sind . . . Wenn es eine neue Klasse von Objekten gibt, deren Strahlungsmaximum im Millimeter- oder im Submillimeterbereich liegt, so könnte dies bedeuten, daß wir die Grenze unserer kosmologischen Möglichkeiten erreicht haben . . . Meine Befürchtung ist, daß wir auf eine neue Art von Strahlungsquellen gestoßen sind, die unsere Arbeit erheblich erschweren könnte." [27]

Eine Reihe von Astronomen leitet den gleichmäßigen Mikrowellenhintergrund vom normalen Sternenlicht ab, das an von Supernova-Ausbrüchen freigesetzten Metallteilchen, den sog. "Whiskers", gestreut wird. Solche Whiskers durchsetzen das ganze interstellare Medium.[28] Andere führen Bremsstrahlung von Elektronen an, die sich durch das Gas von Galaxien bewegen.[29]

Fazit: Nicht nur sämtliche Theorien über die Entstehung der Galaxien stehen hier auf dem Spiel. Wenn sich ein Relikt aus der ersten Jahrmillion des Universums nach postulierten 10 bis 20 Milliarden Jahren mitunter stürmischer Entwicklungsphasen in vollkommener Unberührtheit präsentiert, dann macht es sich verdächtig. Inzwischen werden Spekulationen angestellt, daß spätere Prozesse die Spuren der Galaxienentstehung ausgewischt haben könnten.

Eine glaubwürdige Theorie über die Entstehung der Galaxien existiert heute nicht, und es drängt sich die Frage auf: Welchen Wert besitzt eine Kosmologie, die zwar exakte Aussagen über das Verhalten unbeobachtbarer Materieformen ("dunkle Materie") macht, aber bei einer Erklärung der auffälligsten Phänomene des Universums offenkundig versagt?

Die strukturbildende Wirkung der Gravitation, die als Erklärung für solche Strukturen herangezogen wird, benötigt mehr Zeit und mehr Materie, als man dem Urknall-getriebenen Universum zubilligen kann. Zudem werden immer fernere und somit ältere Galaxien entdeckt, die den Zeitpunkt erster Galaxienbildung bedrohlich nahe an den Urknall heranrücken.

Neueste Aussagen des COBE-Teams relativieren nach Anwendung aufwendiger Computerverfahren ihre anfängliche Skepsis ein wenig. Man spricht von "einigen echten Anisotropien", die sich auf dem "Mikrowellenglobus" andeuten. So scheint es manchem Kosmologen wie eine Erlösung, wenig-

stens Spuren von einer Unregelmäßigkeit in der Hintergrundstrahlung gefunden zu haben. Dies bestätigt in gewisser Weise
den postulierten Zusammenhang zwischen Materie und Strahlung, wenn auch nicht in dem gesuchten Ausmaß. Die Kosmologen können insofern etwas aufatmen, als wenigstens einige
ihrer grundsätzlichen Ideen nicht widerlegt wurden.

"Es ist eine Kontroverse darüber entstanden, ob die COBE-
Messungen überhaupt irgendeine Beziehung zu der Struktur
des Universums vor Milliarden von Jahren aufweisen." [30] "Man
sollte nicht vorschnell zu dem Schluß kommen, daß das, was
COBE sieht, lediglich Dichte-Fluktuation sei. Mindestens eini-
ges oder auch alles davon könnten Gravitationswellen sein." [31]
"Einige Astronomen bleiben trotzdem skeptisch. John P. Huchra vom Harvard-Smithsonian Center for Astrophysics weist
darauf hin, daß Mikrowellen-Fluktuation durch eine bisher
unbekannte Klasse von nahegelegenen astronomischen Objekten, und nicht durch Dichtevariationen kurz nach dem Urknall
hervorgerufen sein könnte." [32] "Sind die COBE-Mini-Anisotro-
pien die Entdeckung des Jahrhunderts? Hawking: 'Aus meiner
Sicht sind sie das keineswegs; sie sind jedoch ein Meilenstein.'" [33]

Neuerdings führt man folgende Argumentation an: Da
"dunkle Materie" mit normaler Materie fast ausschließlich
über Gravitation wechselwirkt, hätten die Strukturen im
frühen Kosmos durchaus stärker ausgeprägt sein und als Kondensationskeime für spätere Galaxienhaufen dienen können,
ohne auf COBE-Aufnahmen in Erscheinung zu treten. [34]

Direkte Schlüsse aus COBE-Messungen sind:

● wir wissen nun, in welchen Größenordnungen Inhomogenitäten bei zukünftigen Messungen zu erwarten sind,
● die Forderung nach "kalter, dunkler Materie" wurde drin-
gender.

John Bahcall warnt: "Das Problem der ´dunklen´ Materie
kann ein Zeichen dafür sein, daß mancher grundlegende
Aspekt der Physik, wie z. B. die Gravitationstheorie, der Revision bedarf . . . Das Ergebnis der laufenden Forschungen wird
nicht nur die konventionelle Kosmologie auf den Prüfstand
bringen, sondern auch die Fähigkeit der Wissenschaftler hinterfragen, das Wesen eines Universums abzuleiten, das ihrem
Einblick weitgehend unzugänglich ist." [35]

3.4 Gequantelte Galaxienabstände

Seit den späten 60er Jahren gibt es Berichte, nach denen die
Rotverschiebung von Galaxien eine Periode aufweisen soll
(**Abb. 27**). "Sieht man Listen von sehr akkuraten Galaxien-Rot-
verschiebungen durch, die für verschiedene Beobachtungsfak-
toren korrigiert sind, so findet man heraus, daß Rotverschie-

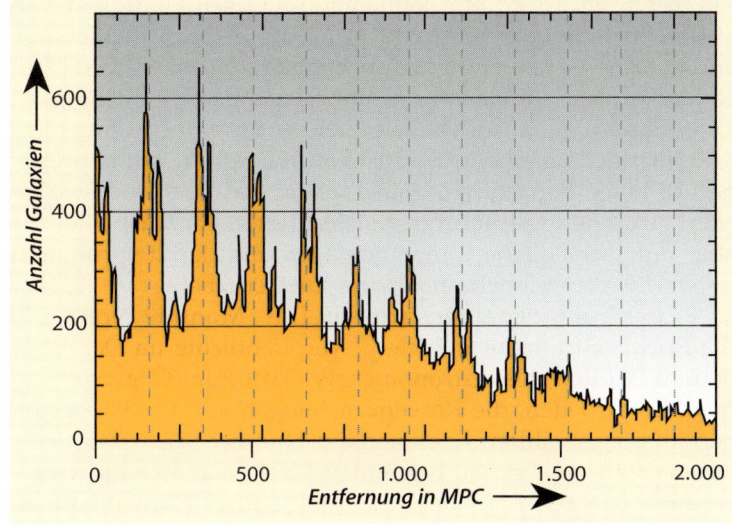

Abb. 27: Quantisierung der aus der Rotverschiebung abgeleiteten Galaxienabstände: In durchweg gleichen Entfernungen gibt es auffällige Häufungen von Galaxien.
(MPC: Mega-Parallaxen-Sekunde: übliches astronomisches Entfernungsmaß)

bungen in Intervallen zu ungefähr 72 km/sec, manchmal zum halben Wert (36 km/sec) oder auch zum dritten Teil dieses Wertes (24 km/sec) vorkommen." [36]

Dieses Ergebnis ist nicht so einfach zu widerlegen, etwa weil es noch große Unsicherheiten bei der Messung der Rotverschiebung gibt. In den letzten zehn Jahren fanden Astronomen, daß die Rotverschiebung im Radiowellenbereich viel genauer zu erfassen ist als im Bereich des optischen Lichts. Und genau diese Verbesserung der Daten hat obige These gestützt.[37]

Um die Verblüffung der astronomischen Welt etwas besser zu verstehen, sei ein Vergleich angezogen: Die Polizei ist dabei, in einer Stadt eine Geschwindigkeitskontrolle über Radarmessungen durchzuführen. (Sie funktionieren übrigens ebenso über Rot- bzw. Blauverschiebung des Spektrums.) Als Ergebnis stellt sich heraus, daß alle Autos genau 40, 50 oder 60 km/h fahren. Es kommt keine andere Geschwindigkeit vor, also kein Zwischenwert. Jedes Auto, das gerade beschleunigt, ändert seine Geschwindigkeit sprunghaft von z.B. 50 km/h auf 60 km/h, ohne auf eine dazwischen liegende Geschwindigkeit zu kommen, genauso, wie die Elektronen eines Atoms nach Max Planck von einem quantisierten Energiezustand sprunghaft in einen benachbarten übergehen. Die Verhältnisse gleichen also eher Autofahrern mit festgestelltem Gaspedal, die aber unterschiedliche Gänge benutzen und damit sprunghaft unterschiedlich schnell sind. (Vorsicht: Getriebe!)

Bestätigung des Unerwarteten. Die "Monthly Notices of the Royal Astronomical Society" veröffentlichte im Dez. 1991 neuere Studien des Astronomen W. Tifft.[38] Im Gegensatz zu früheren Arbeiten, die Rotverschiebungen von Galaxiengruppen an ausgewählten Regionen am Himmel benutzten, wurden hier die sehr genau bekannten Werte von 89 nahegelegenen Spiralgalaxien aus Bereichen der ganzen Himmelssphäre herangezogen. Damit war sichergestellt, daß eine Gruppe von Objekten betroffen war, die nicht schon in anderer Form in solche Überlegungen eingeflossen sind ("pristine samples"). Wie ursprünglich erwartet, zeigte die Rotverschiebung eine "glatte" Verteilung. Dann führten Guthrie und Napier Korrekturen ein, welche die Bewegung der Erde um das Zentrum der Milchstraße für jedes Objekt berücksichtigten. Daraus resultierte erneut eine Periodizität von etwa 37 km/sec – und zwar unabhängig von der Blickrichtung – was Tiffts Messungen bestätigte (**Abb. 28**).

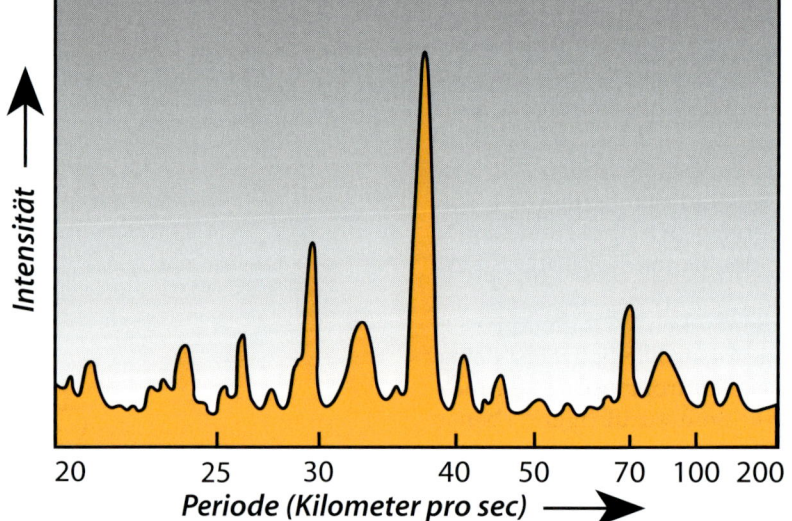

Abb. 28: Messung der Rotverschiebung naher Spiralgalaxien aus dem ganzen Bereich der Himmelssphäre. D. h. die gestuften Abstände der Galaxien können nicht unter Berufung auf die Unsicherheit in der Entfernungsbestimmung wegdiskutiert werden und sie sind unabhängig von der Himmelsrichtung.

Um in unserem Bild zu bleiben, wäre das mit der Polizeistreife zu vergleichen, die während der Fahrt von ihrem Fahrzeug aus Radarmessungen durchführt und zu einer "glatten" Verteilung der Geschwindigkeiten kommt, was übrigens darauf hinweisen würde, daß das Radarsystem normal arbeitet. Zu Hause angekommen, muß für die Ermittlung der tatsächlichen Geschwindigkeit der Verkehrsteilnehmer die jeweilige Geschwindigkeit der Polizeistreife berücksichtigt werden. Man kann sich die Überraschung der Polizei vorstellen, wenn das Ergebnis nur 50, 60 oder 70 km/h zeigen würde.

Erstaunlicherweise war es nicht möglich, diese Periodizität beim Verhalten kleiner Galaxien nachzuweisen. "Die Implikation ist folgende: In größeren Spiralgalaxien könnte etwas bislang Unbekanntes deren Licht beeinflussen. Spiralgalaxien haben mehr Masse als Zwerge, deren Anteil an ´dunkler´ Materie inbegriffen ... Es wird deshalb vermutet, daß die Sache auf eine unbekannte Interaktion zwischen Masse und Licht zurückzuführen ist." [39]

"Inzwischen ist Tifft noch weiter gegangen. Im 'Astrophysical Journal', Dez. 1991, weist er darauf hin, daß die galaktischen Rotverschiebungen, wie sie von der Erde aus gemessen werden, sich in nur wenigen Jahren leicht verändert haben. Ältere Radio-Rotverschiebungen weichen eine Spur von neueren ab, und dies nicht aufgrund von gerätespezifischen Problemen, sondern seiner Meinung nach wegen 'schneller zeitabhängiger Fluktuationen innerhalb des Rotverschiebungszusammenhangs. Bis Mitte der 90er Jahre, schreibt er, wird die erweiterte Zeitbasis wichtige kritische Tests sowohl an der Quantelung als auch an der Variabilität erlauben.'" [40]

"Ein paar abtrünnige Astronomen akzeptieren nicht, daß Rotverschiebungen einfach nur die Geschwindigkeit einer sich entfernenden Galaxie ist. Stattdessen glauben sie, daß Rotverschiebungen gequantelt sind – diese neigen dazu, Werte in gleichmäßigen Abständen anzunehmen, wie die Sprossen einer Leiter ... Dies könnte bedeuten, daß irgendein seither nicht erkannter Typ von Quanteneffekt auf der Ebene von sehr großen Objekten genauso wirkt wie auf der Ebene von sehr kleinen im atomaren Bereich, und so die Rotverschiebungen einschränkt. Guthrie spekuliert, daß die Rotverschiebungs-Quantelung ein Relikt der Interaktion zwischen Licht und Materie im frühen Universum sei." [41]

"Ein Team von Astronomen in Großbritannien hat das bisher stärkste Beweisstück dafür geliefert, daß die Rotverschiebungen nicht allein auf die Ausdehnung des Universums zurückzuführen sind, wie die meisten Astronomen annehmen, und daß eine neue Physik notwendig ist, um diese zu erklären. . . . Der amerikanische Astronom H. Arp und sein britischer Kollege F. Hoyle haben auf Beispiele hingewiesen, wo zwei Galaxien mit sehr verschiedenen Rotverschiebungen physikalisch miteinander verbunden zu sein scheinen. In den einfachsten kosmologischen Modellen weist die Rotverschiebung einer Galaxie auf ihre Entfernung hin, so daß der Unterschied in der Rotverschiebung zweier verbundener Galaxien nicht einfach nur durch die Expansion des Universums erklärt werden kann." [42]

4. Das Alter der Welt

4.1 Problemstellung

Aufgrund neuerer Messungen der spektralen Rotverschiebung von Objekten der Galaxie M100 im Virgo-Cluster (Galaxienhaufen im Sternbild Jungfrau, einem Mitglied der lokalen Gruppe) wurde neuerdings von Kosmologen das Alter des Universums mit 8 - 11 Milliarden Jahren ermittelt. Aus der Sternentwicklung und Strukturbildung des Kosmos werden jedoch viel größere Alter abgeleitet, nämlich bis zu 20 Milliarden Jahren. Da die Sterne nicht älter sein können, als der Kosmos, zu dem sie gehören, haben die Astronomen ein ernsthaftes Problem. Beispielsweise handelt es sich bei M92 um einen Kugelsternhaufen, dessen Sterne 16 - 19 Milliarden Jahre alt sein sollen.

Entweder müssen die kosmischen Dimensionen, mit deren Hilfe das Alter bestimmt wird, falsch sein oder die Sternentwicklungsmodelle sind fragwürdig.

Das Auflösen dieses Altersparadoxons ist eines der drängendsten Probleme in der gegenwärtigen Astronomie, und es deutet sich bis heute kaum ein Ausweg an. Hier können sicher sorgfältige Messungen, die vielfältigen Möglichkeiten der Raumfahrt und die Bereitschaft zum Umdenken weiterhelfen.

4.2 Das Prinzip der Altersbestimmung

Die heute maßgeblichen Altersbestimmungen des Kosmos erhielten Anfang der 20er Jahre wichtige Anstöße mit der Entdeckung der zunehmenden Rotverschiebung der Spektrallinien bei zunehmender Entfernung. Sie wurde im Sinne der Doppler-Verschiebung als Expansionsbewegung interpretiert (vgl. **Abb. 7**).

Wie bereits in Abschnitt 3.1 erläutert, führt dieser Vorgang zur Vorstellung, daß die gesamte Materie einmal ein ganz kleiner, extrem heißer Feuerball aus "Materie" in einem exotischen Zustand gewesen war, in dem es nicht einmal mehr Atome gab. Weiter wurde erwähnt, daß nicht die Galaxien im Raum, sondern der Raum selber expandiert und die Galaxien mitbewegt. Der genannte Vergleich mit dem Hefeteig und den darin eingeschlossenen Rosinen kann diesen Vorgang veranschaulichen.

Die Aufgabe des Astronomen, die Größe der heutigen Ausdehnung des Universums zu messen, ist im Prinzip die gleiche wie die, das "Aufgehen des Hefeteiges" in Zahlen zu fassen. Unserer Anschauung liegt der Rosinenkuchen jedoch näher als das unermeßliche Universum, wenngleich beide Vorgänge mathematisch nicht äquivalent sind.

In diesem Sinne sind die Galaxien lediglich "Markierungsbojen", die dem Astronomen die Ausdehnung des Raumes andeuten. Kosmologen bestimmen nun das Alter des Universums durch Messung der galaktischen Bewegung. Sie finden die Reisezeit einer Galaxie seit dem Urknall – was im Urknallmodell identisch ist mit dem Weltalter – durch Division der Entfernung durch die Geschwindigkeit.

Fehler in der Geschwindigkeits- oder Entfernungsmessung führen zu falschen Altern, weshalb Durchschnittswerte von ausgewählten Galaxien zugrundegelegt werden. Die so gewonnene Expansionsrate nennt man Hubble-Konstante H_0 in Einheiten von km/sec/Millionen Lichtjahre. Allerdings war sie historisch alles andere als konstant (jeweils neuere Messungen ergaben tendenziell immer niedigere Werte). Dennoch verbirgt sich hinter ihr – im wahrsten Sinn des Wortes – Weltbewegendes. **Abb. 29** zeigt den geschichtlichen Verlauf der Bestimmung des Hubble-Wertes. Der beste Wert für H_0 ergibt sich als Mittelwert aus Messungen an möglichst vielen Galaxien, um die Beobachtungsfehler durch individuelle Expansion (der allgemeinen Expansion überlagerte Zufallsbewegungen) gering zu halten. Das Alter des Universums ist dann $1/H_0$, das sog. Hubble-Alter; es ist genauer gesagt das Alter, welches ein expandierendes Universum hätte, wenn dieses keine Materie beinhalten würde.

Aber Sterne und Galaxien füllen unser Universum. Deren Gravitationswirkung reduziert die Expansionsgeschwindigkeit mit der Zeit. Dieser Effekt bedeutet in der Umkehrung, daß Galaxien in der Vergangenheit schneller gewesen sein müssen als heute (größeres H_0). Deshalb ist das aktuelle Alter ($1/H_0$) kleiner als das Hubble-Alter. Es wird mit "wahrscheinlich kleiner als 2/3 des Hubble-Alters" angenommen.[43] Dieser Wert ist abhängig von der gesamten Materiedichte des Kosmos.

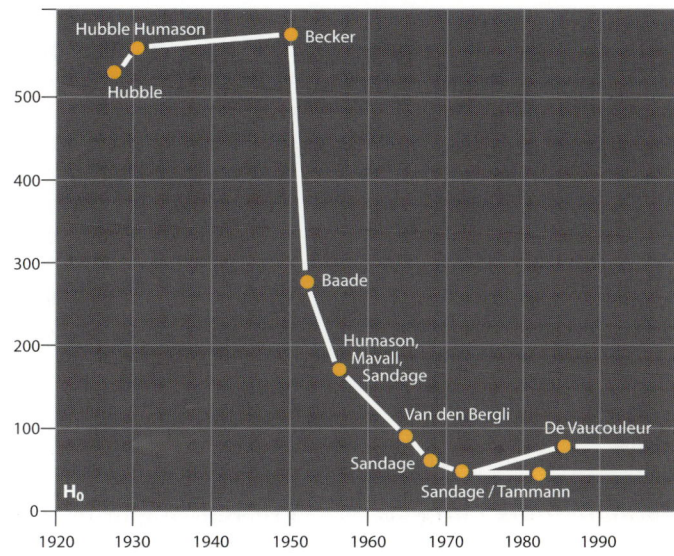

Abb. 29: Varianz der Hubble-"Konstanten".
Je tiefer man in den Raum hinausschauen konnte und je ausgefeilter die Meßmethoden wurden, um so tiefer sank die "Konstante" H_0, das heißt, das Universum wurde größer und älter.

4.3 Die Ausgangsgrößen Geschwindigkeit und Entfernung von Objekten

Auch wenn man die Urknallvorstellung voraussetzt, ist das Hubble-Alter nur so genau, wie die Zahlen, von denen es abgeleitet ist, nämlich die Geschwindigkeit und die Entfernung der Objekte. Deshalb müssen wir über diese zwei Größen nachdenken.

„Ich möchte nicht den Eindruck erwecken, als seien sich alle in der Interpretation der Rotverschiebung einig … alles, dessen wir uns sicher sind, ist die Tatsache, daß die Linien in ihren Spektren zum Roten, also zu längeren Wellenlängen hin, verschoben sind."

Steven Weinberg, Kosmologe.

4.3.1 Die Geschwindigkeitsbestimmung. Wenn die Rotverschiebung in den Spektren des Sternlichts als Doppler-Verschiebung interpretiert wird, ist deren Geschwindigkeitsbestimmung relativ einfach. (Es ist allerdings nicht auszuschließen, daß für weit entfernte, massereiche Objekte andere Wechselwirkungen zwischen Licht und Materie eine Rolle spielen.) Bewegungen von uns weg verschieben Linien eines Spektrums zu längeren, sprich röteren Wellenlängen, wogegen Bewegungen auf uns zu mit einer Blauverschiebung, d. h. einer Verkürzung der Wellenlängen, verbunden ist. Fast alle Galaxien zeigen offensichtlich eine Rotverschiebung.

Allerdings gibt es auch andere Deutungen der Rotverschiebung, auf die hier nicht näher eingegangen wird (z. B. durch Materiebrücken verbundene Objekte mit deutlich unterschiedlicher Rotverschiebung, vgl. S. 45). So eindeutig und einfach, wie die Methode auch klingen mag, die Diskrepanz ihrer Ergebnisse gibt immer wieder Anlaß zu Diskussionen. So schreibt Steven Weinberg in seinem bekannten Buch "Die ersten drei Minuten – Der Ursprung des Universums": "Ich möchte nicht den Eindruck erwecken, als seien sich alle in der Interpretation der Rotverschiebung einig. Tatsächlich beobachten wir nicht, daß sich die Galaxien von uns entfernen; alles, dessen wir uns sicher sind, ist die Tatsache, daß die Linien in ihren Spektren zum Roten, also zu längeren Wellenlängen hin, verschoben sind. Daß die Rotverschiebungen irgend etwas mit Dopplerverschiebungen oder mit einer Expansion des Universums zu tun haben, wird von führenden Astronomen bezweifelt. Halton Arp vom Hale-Observatorium hat nachdrücklich darauf hingewiesen, daß es Gruppen von Galaxien am Himmel gibt, in denen einige Galaxien eine sehr abweichende Rotverschiebung aufweisen; falls diese Gruppen echte physikalische Assoziationen von benachbarten Galaxien sein sollten, dürften sie kaum grob abweichende Geschwindigkeiten haben. Darüber hinaus hat Maarten Schmidt 1963 festgestellt, daß eine bestimmte Klasse von Objekten, die wie Sterne aussehen, gleichwohl enorme Rotverschiebung aufweist, in einigen Fällen über 300%! Falls diese "quasi-stellaren Objekte" soweit entfernt sein sollten, wie man aus ihrer Rotverschiebung annehmen muß, müßten sie unglaubliche Energien emittieren, um so hell zu erscheinen. Schließlich kann man darauf hinweisen, daß es bei wirklich großen Entfernungen nicht leicht ist, das Verhältnis zwischen Geschwindigkeit und Entfernung zu bestimmen."[44] So weit Steven Weinberg. Dieses Zitat verdeutlicht, mit welcher Unsicherheit die Bestimmung der Ausgangsgröße "Geschwindigkeit" behaftet ist.

4.3.2 Wie man das Weltall ausmißt. Im Vergleich zur Rotverschiebungs- bzw. der daraus abgeleiteten Geschwindigkeitsbestimmung ist die Entfernungsbestimmung eine noch delikatere Aufgabe. Sie beruht im wesentlichen auf Schätzungen und Annahmen. Wir können jedoch über Sterne fast nichts aussagen, wenn wir nicht wissen, wie weit sie von uns entfernt sind. Woher soll der Astronom wissen, wie lange die kosmische Reise der winzigen Lichtfleckchen am Himmel gedauert hat, ehe sie einen Tupfer auf seine Fotoemulsion geätzt haben? Für ein unbewaffnetes Auge kann ein unscheinbares Lichtpünktlein am Himmel der benachbarte Mars sein, der nur Sonnenlicht reflektiert, oder es kann ein Gebilde sein, das soviel Licht aussendet wie eine ganze Galaxie, das aber so weit in der Tiefe des Raumes steht, daß die Entfernung nicht mehr die volle Pracht seiner Erscheinung erkennen läßt. Hier sollen die wichtigsten Stufen der Entfernungsskala in Form einer kosmischen Sprossenleiter diskutiert werden.

a) Erste Sprosse der kosmischen Leiter: Radarmessungen. Die Vermessung unseres Sonnensystems ist heute im Zeitalter der Elektronik relativ unproblematisch. Man peilt z. B. die Venus mit Radar an und benutzt das Gesetz, das schon Kepler zu Anfang des Dreißigjährigen Krieges gefunden hat. Die Entfernung Erde – Sonne von rund 150 Millionen Kilometer ist bis auf wenige Kilometer genau bekannt.

b) Zweite Sprosse der kosmischen Leiter: Triangulation. Der nächste Schritt geht von unserem Sonnensystem zu den Sternen unserer Milchstraße. Der Astronom wendet zunächst die Methode der Parallaxe an. Diese rein geometrische Methode benutzt die genau bekannte Entfernung zwischen Sonne und Erde als Basislänge. Da sich die Erde im Laufe eines Jahres um die Sonne bewegt, sehen wir die nahen Sterne im Laufe der Zeit aus immer etwas verschiedenen Richtungen. Über Triangulation (s. **Abb. 30**) läßt sich die Methode der kosmischen Landvermessung bis auf Entfernungen von etwa 300 Lichtjahren vorantreiben. Sie wurde insbesondere durch den Astrometrie-Satelliten Hipparcos in den Jahren 1989 bis 1993 verfeinert.

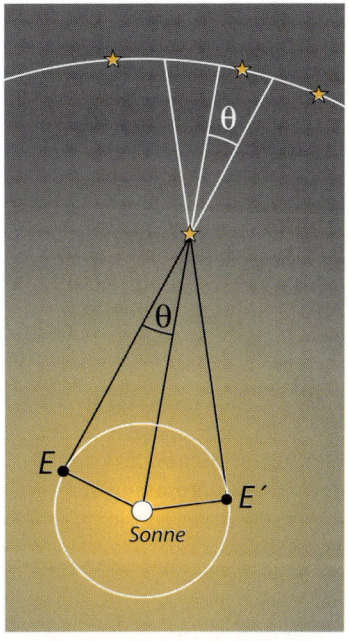

Abb. 30: Messung der Parallaxe von Sternen. Ein die Erde umkreisender Satellit vermißt in den gegenüberliegenden Positionen E und E´ die Stellung von Objekten vor der Himmelssphäre über den Winkel θ.

Prinzip des Vermessens großer Entfernungen: Mit sog. "Standard- oder Einheits-Kerzen" wird ein Weitergehen erreicht. Wenn man einen Helligkeits-Standard hat, braucht man nur noch zu schauen, wie hell er in einer weiteren Galaxie ist. Daraus kann man deren Entfernung ableiten. Im Prinzip wieder sehr einfach; praktisch jedoch teilweise problematisch, wie nachfolgend gezeigt wird.

c) Dritte Sprosse der kosmischen Leiter: Delta-Cephei-Sterne. Daß man überhaupt weiter in den Tiefen des Raumes Entfernungen bestimmen kann, grenzt fast an ein Wunder. Aus Gründen, die man bislang nicht so ganz verstanden hat, zeigen pulsierende (helligkeitsveränderliche) Sterne vom Typ Delta-Cephei eine merkwürdige Eigenschaft: Zwischen der Periode ihrer Schwingung und der Leuchtkraft besteht eine direkte

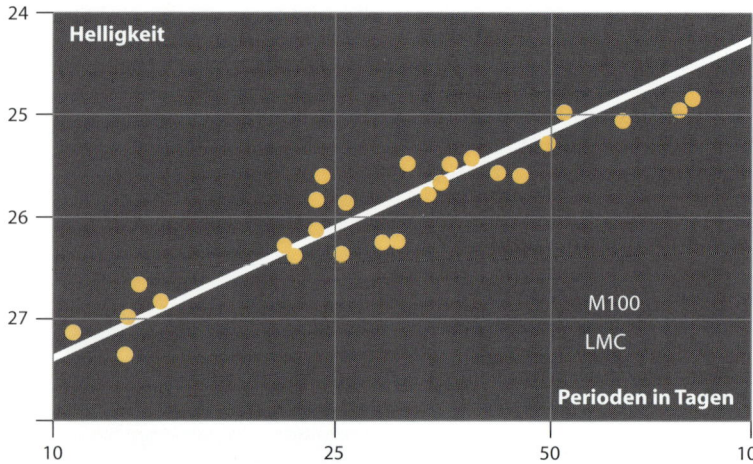

Abb. 31: Cepheiden sind veränderliche Sterne: Ihre Helligkeit zeigt rhythmische Schwankungen. Diese "Perioden-Leuchtkraft-Beziehung" erlaubt Rückschlüsse auf die Entfernung des Sterns. Die Grafik zeigt die neuen Meßpunkte der in der Galaxie M100 beobachteten Cepheiden aus der Großen Magellanschen Wolke.

Abb. 32: Galaxie M100 im Virgo-Galaxienhaufen, in der das HST-Weltraumteleskop 20 Cepheiden-Sterne vermessen hat.

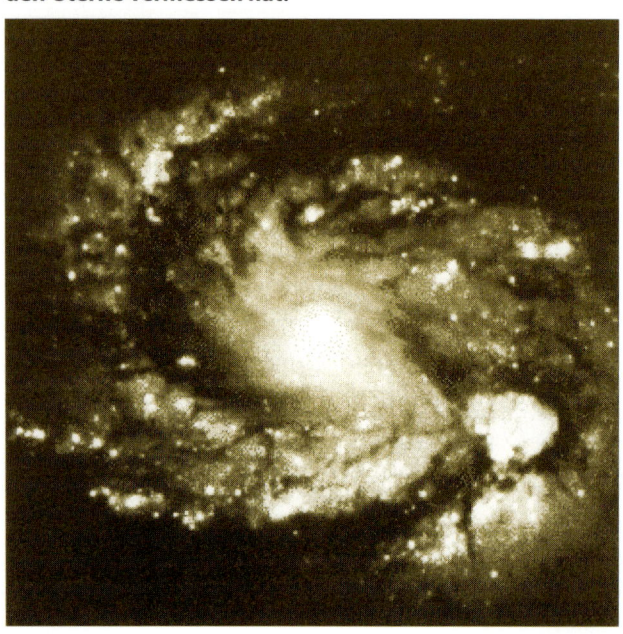

Beziehung. Da man durch geduldiges Beobachten eines Delta-Cephei-Sterns seine Pulsationsperiode (eine Bewegung, die aus dem Zusammenspiel von Schwerkraft und Gasdruck abgeleitet wird) bestimmen kann, folgt aus der in **Abb. 31** gegebenen Beziehung direkt seine über eine Periode gemittelte Leuchtkraft. Sie liegt typischerweise zwischen 5 und 50 Tagen. Vergleicht man sie mit der mittleren Helligkeit des Sterns am Himmel, kann daraus seine Entfernung abgeleitet werden. Da Delta-Cephei-Sterne relativ leuchtkräftig sind – sie sind 10.000mal leuchtkräftiger als die Sonne – können sie nicht nur in den fernsten Winkeln unserer Milchstraße gesehen werden; das Auf und Ab ihrer Helligkeit läßt sie selbst unter den Sternen anderer Galaxien auffallen. Diese Methode ist mit einigem Erfolg bis zu Entfernungen von 25 Millionen Lichtjahren Entfernung anwendbar.

Wie bedeutsam eine Entfernungsbestimmung mit Hilfe von Cepheiden sein kann, hat im Oktober 1994 das Hubble Space Telescope HST demonstriert. Es hat damit gleichzeitig einen Beitrag zu seiner eigentlichen Bestimmung, nämlich der Entfernungsmessung, geleistet. Damals konzentrierten sich Messungen auf die Galaxie M100 im Virgo-Galaxienhaufen. Ein Bild dieses Objekts, aufgenommen mit dem HST, ist in **Abb. 32** gezeigt. Eine ungewöhnlich große Zahl von 20 Cepheiden wurde beobachtet. Sie sind so weit entfernt, daß sie erst mit dem weltraumgestützten, optisch besten Teleskop ausgemacht werden konnten.

Das Hubble-Teleskop und das Hubble-Alter. Der aktuelle Stand der Ermittlungen. Die Astronomen sprechen von den bisher genauesten Entfernungsmessungen. Etwa 40.000 Sterne mußten bei der Suche nach diesen 20 hellen Veränderlichen inspiziert werden. Aus den Messungen der Lichtkurven in **Abb. 33** hat man die Leuchtperioden und über die Perioden-Leuchtkraft-Beziehung letztlich die Entfernungen dieser Sterne zu 17,1

Mpc oder 56 Millionen Lichtjahre ermittelt. Damit ist M100 zur Zeit die entfernteste Galaxie, in der Cepheiden-Veränderliche genau vermessen worden sind.

Bislang haben die besten bodengebundenen Beobachtungen Cepheiden in nahen Galaxien innerhalb eines Radius von 12 Millionen Lichtjahren entdeckt. Jedoch führen alle Galaxien in diesem Gebiet aufgrund gegenseitiger Massenanziehung nahestehender Galaxien zusätzliche Bewegungen aus. Um solche Störungen möglichst auszuschließen, muß man Cepheiden beobachten, die mindestens 30 Millionen Lichtjahre von unserem System entfernt sind. Genau dies hat das HST erstmals an Objekten von M100 ermöglicht.

Unsicherheiten dieser bislang genauesten Messungen liegen insbesondere in unserer Unkenntnis begründet, ob die Rotverschiebung von M100 identisch ist mit der mittleren Rotverschiebung des relativ großen Virgo-Clusters. Auch diese Rotverschiebung ist möglicherweise aufgrund lokaler Gravitationswirkungen verfälscht, die sich der radialen kosmischen Fluchtgeschwindigkeit untrennbar überlagert. Deshalb hat man zur Absicherung der Rotverschiebungsmessung Werte des etwas weiter entfernten Coma-Galaxienhaufens im gleichen Cluster herangezogen, dessen relativer Abstand zum Virgohaufen aufgrund von Beobachtungen im Radiowellenbereich mit weniger Unsicherheiten behaftet ist.

Im Rahmen des kosmologischen Standardmodells bedeutet der ermittelte hohe Wert der Hubble-Konstanten ein Alter von 11 - 12 Milliarden Jahren für ein Universum mit kleiner Materiedichte und etwa 8 Milliarden Jahre für eines mit hoher Dichte. Dieses eine Beobachtungsergebnis hat das Weltalter durch eine der bewährtesten Methoden aufgrund dieser Messungen bereits um etwa Faktor 2 verjüngt; denn eine verbesserte Entfernungsbestimmung des Virgo-Cluster ist ein kritischer Meilenstein für die außergalaktische Entfernungsskala. Bis heute muß allerdings die Frage offen bleiben, wie eine unterschiedliche chemische Zusammensetzung der Cepheiden in verschiedenen Galaxien deren Helligkeit und damit die Entfernungsbestimmung beeinflußt. "Beide Werte [8 bzw. 11 - 12 Milliarden Jahre] führen zu dem Dilemma, daß unser Universum jünger wäre als die ältesten Sterne unserer Milchstraße bzw. die ältesten Kugelsternhaufen – ein Ding der Unmöglichkeit. Außerdem bereiten kleine Alterswerte den derzeitigen Theorien Schwierigkeiten, die versuchen, Entstehung und Entwicklung großräumiger Strukturen im Universum zu beschreiben." [45]

Über einen Ausweg aus diesem Widerspruch denken die Astronomen intensiv nach. Es gibt konkrete Pläne, Vergleichsmessungen an dem zur südlichen Himmelssphäre gehörenden Fornax-Cluster aufzunehmen. "Was auch immer Fornax als Wert für die Hubble.Konstante bringt: es sollte mehr Gewicht haben als jede Bestimmung mit Hilfe des Virgo-Haufens", sagt Barry Madore vom Caltech. [46]

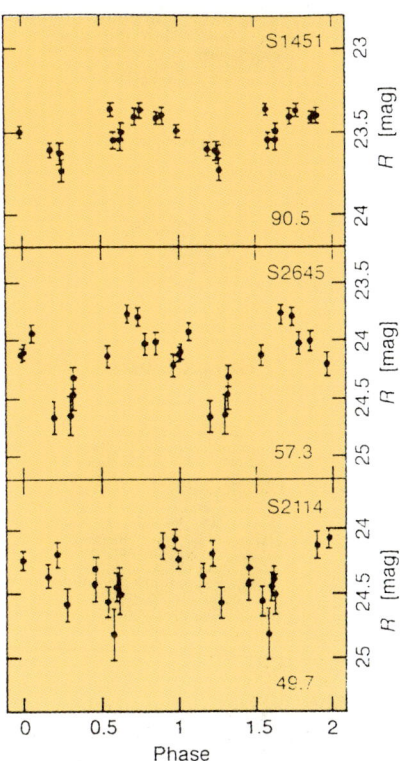

Abb. 33: Lichtkurven eines veränderlichen Cepheiden in der Spiralgalaxie M100. Der Cepheide ändert seine Helligkeit zwischen 24,5 und 23,5 Magnituden. Die Periodendauer ist ein direktes Maß für seine absolute Helligkeit. (Nach Adorf 1995, s. Anm. 45)

Virgo-Cluster

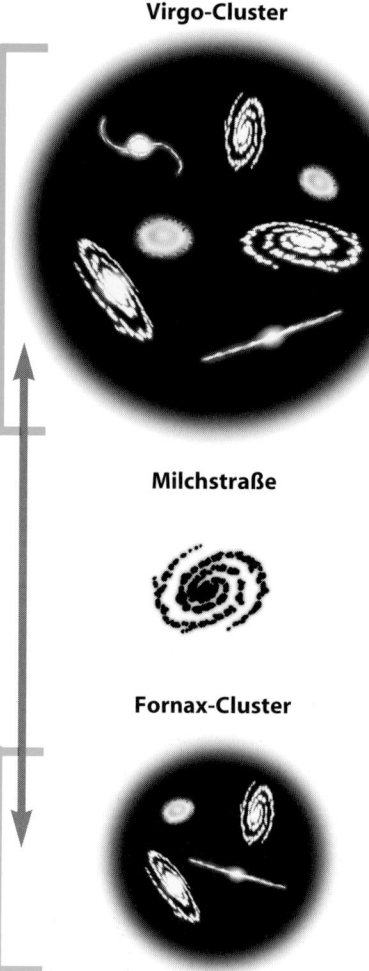

Milchstraße

Fornax-Cluster

Abb. 34: Das Tiefenproblem. Fornax ist so kompakt, daß jede andere Galaxie sich in durchschnittlicher Distanz vom Cluster bewegt. Dies trifft jedoch nicht auf den viel größeren und komplexer strukturierten Virgo-Cluster zu. Dieses Problem macht es schwieriger für die Astronomen, die Hubble-Konstante zu berechnen.

Aufgrund der unterschiedlichen Größe beider Haufen ergeben sich Vorteile für Fornax. Wie in **Abb. 34** angedeutet, sind beide etwa gleich weit von unserer Milchstraße entfernt. Der Fornax-Cluster ist allerdings wesentlich kompakter, so daß man für die Entfernungsbestimmung jede seiner Spiralgalaxien nehmen kann. Deshalb wird die Unsicherheit bezüglich der Lage eines Objekts innerhalb des Clusters um einen Faktor von etwa zwei kleiner sein. Zur Ermittlung der lokalen Gravitationseinflüsse ist es auch entscheidend, daß man eine Kontrollmessung auf der gegenüberliegenden Seite unserer Galaxie durchführt. Dafür sind Messungen an der kompakteren Fornax-Konstellation vorgesehen.

d) Vierte Sprosse der kosmischen Leiter: Supernovae. Um in noch größere Tiefen des Raumes vorzustoßen, weckt eine weitere Methode Hoffnungen: Supernovae sind Sterne, die gegen Ende ihrer Existenz in einer gewaltigen Explosion zerissen werden und dabei – je nach Typ – eine bestimmte maximale Helligkeit erreichen, so daß ihr Lichtmaximum offenbar eine geeignete Einheitskerze darstellt. Eine Typ-Ia-Supernova ist mehrere Magnituden heller als Cepheiden. Wenn diese Sterne von einem Begleitstern genug Material aufgesammelt haben, explodieren sie in einem katastrophalen Vorgang, der nahezu den gesamten Stern zerreißt.

Stabile Sterne sind dann in einem Gleichgewichtszustand, wenn zwischen ihrem inneren Druck und ihrer eigenen Gravitation Gleichgewicht herrscht. Eine Störung dieser Balance ist die grundlegende Ursache für die erwähnte Sternexplosion. Wenn der Druck, der von der durch Kernreaktion erzeugten Hitze des inneren Sternmaterials stammt – so das heutige Verständnis – plötzlich stark zunimmt, expandiert der Stern rasch. Das damit verbundene Ansteigen der Sternoberfläche und die Zunahme der Energieproduktion haben ein plötzliches Ansteigen der Sternhelligkeit zur Folge. Bei Expansionsgeschwindigkeiten um 10.000 km/sec wächst der Stern dann schnell von etwa Sonnengröße in nur einem Tag auf den Durchmesser des ganzen Sonnensystems an, wobei seine Oberfläche in dieser kurzen Zeit auf ein Vielmillionenfaches zunimmt. Für die Dauer einer Woche kann eine Supernova die ganze Galaxie, in der sie steht, überstrahlen.

Supernovae sind relativ seltene Erscheinungen. Man entdeckt etwa nur eine pro hundert Jahren in einer durchschnittlichen Galaxie. So wurde auch die aufsehenerregende Supernova im Februar 1987 in der Großen Magellanschen Wolke genau vermessen. Sie half, die Vorgänge beim Kollaps eines Sterns besser zu verstehen und damit die Entfernungsmessung mit dieser physikalischen Methode weiter zu verbessern. Leider sind Supernovae wesentlich schwächer als die hellsten Haufengalaxien, so daß sie bis heute noch nicht bis in große Entfernungen beobachtet werden konnten.

Weiterhin ist der Sprung von Cepheiden zu Supernovae nicht eben eine Sprosse auf der kosmischen Leiter. Dazwischen liegt im Grunde eine ganze Leiter. Denn Cepheiden werden normalerweise in relativ nahestehenden Galaxien beobachtet, und da sich Supernovae so selten ereignen, müssen Astronomen sie in der größeren Zahl von weiter entfernten Galaxien suchen. Weiterhin ist die maximale Helligkeit der Supernovae mit Unsicherheiten behaftet.

Diese Lücke in der kosmischen Leiter hat die Astronomen zu andern Methoden greifen lassen, die ihnen helfen, die Lücke zu schließen. Die sog. Tully-Fisher-Methode benutzt die Tatsache, daß massivere Galaxien generell heller sind und schneller rotieren als weniger massive Objekte. Radioastronomen ermitteln die Rotationsrate mit Hilfe der 21-cm-Spektrallinie, die vom Wasserstoff der Galaxien emittiert wird. Je breiter diese Linie ist, umso schneller rotiert die Galaxie und um so massiver ist sie. Der Vergleich der so ermittelten Helligkeit mit der beobachteten ergibt dann die Ermittlung der Distanz. Die Tully-Fisher-Formel gibt Werte für die Hubble-Konstante, die zwischen 15 und 30 Kilometern pro Sekunde und Millionen Lichtjahre liegen und die zu Weltaltern von 14 - 7 Milliarden Jahren führen. "Aber" – so führt Ray Jayawardhana an – "sie sind zu ungenau." [47]

e) Fünfte Sprosse der kosmischen Leiter: Planetarische Nebel.

Seit einigen Jahren versuchen die Astronomen mit Planetarischen Nebeln als Standardkerzen weiterzukommen. Diese haben mit Planeten nichts zu tun, sondern sind große Hüllen glühenden Gases, die gelegentlich um alte Sterne beobachtet werden. **Abb. 35** zeigt eine aktuelle Aufnahme des "Katzenauges" vom HST aufgenommen. Diese sterbenden Sterne stoßen Schalen von Gas ab, da sie nicht massiv genug sind, um in einer Supernova zu explodieren. Die Beobachtung läßt darauf schließen, daß die Leuchtkraft der Hüllen untereinander vergleichbar und so hell ist, daß sie auch in großen Tiefen des Raumes vermessen werden können. Zudem kommt den Astronomen zu Hilfe, daß ein dominantes Charakteristikum in ihrem Spektrum sie eindeutig identifizieren läßt. So hat das Team um George Jacoby bereits 1992 den Virgo-Cluster mit Planetaren Nebeln vermessen und einen Wert gefunden, der mit den neuesten Messung des HST übereinstimmt. [48]

Abb. 35: Der sterbende Stern "Katzenauge" als sog. Planetarischer Nebel zur Entfernungsbestimmung.

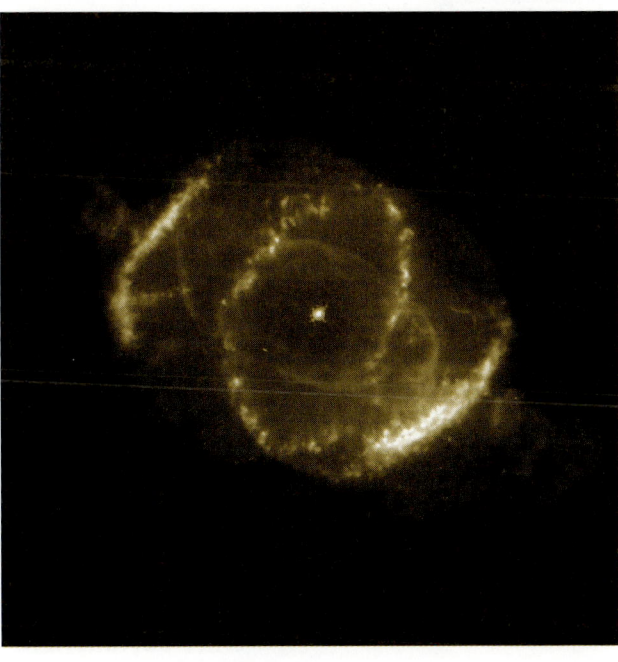

Neben der Unsicherheit der Altersbestimmung aus unterschiedlichen Entfernungsbestimmungsmethoden bringt das bisherige Verständnis der Sternentwicklung weitere Unsicherheiten ein. So kommen die Kosmologen trotz intensiver Suche nach besseren Methoden auf ein Alter des Universums, das mit ca. 10 Milliarden Jahren deutlich jünger ist als die ältesten Sterne mit 16 - 20 Milliarden Jahren.

4.4 Datierungsmethoden über den Sternaufbau

Die Halosterne. Die ältesten beobachtbaren Sterne sind die Halosterne. Sie umgeben unsere Milchstraße bis zu einer Entfernung von etwa 100.000 Lichtjahren. Sie bewegen sich, wie in **Abb. 36** schematisch gezeigt ist, um das Zentrum der Milchstraße und füllen im Gegensatz zum Hauptanteil der Materie, die in einer Scheibe konzentriert ist, den ganzen Raumwinkel aus. Die Astronomen gehen davon aus, daß sie gleichzeitig entstanden sind und damit gleiches Alter haben. Aber massenreiche Sterne in dem Halo verbrauchen ihren nuklearen Brennstoff schneller als massenärmere Sterne und werden dann zu Riesensternen. Deshalb beobachten die Astronomen, welche Sterne sich jetzt durch Aufblähen in Riesensterne umwandeln, und vergleichen das Ergebnis mit theoretischen Vorhersagen bzgl. ihrer Entwicklung. Da eine Einzelsternbeobachtung unter anderem wegen der unterschiedlichen Größe zu größeren Fehlern führen würde, vermessen sie eine möglichst große Anzahl von Temperatur- und Helligkeitsdaten in gleichen Kugelsternhaufen und vergleichen diese mit Ergebnissen theoretischer Ableitungen. Unterschiedliche Forschergruppen arbeiten sich nach dieser Methode vor. Eine italienische Gruppe hat so z. B. für M92 ein Alter von 19 Milliarden Jahren ermittelt.

Ein solches Ergebnis steht in drastischem Konflikt zu den diskutierten "Entfernungsaltern" (Abschnitt 4.3). Sicher, es gibt Aspekte, die Halo-Sterne älter aussehen lassen können, als sie es wirklich sind. Z. B. kann die Diffusion schwererer Elemente als Wasserstoff und Helium, wie Lithium dazu dienen, daß diese eher zum Zentrum konzentriert sind als die leichteren. Durch die Metallizität der Elemente kann der Energietransport vom Zentrum zur Oberfläche verändert werden und damit die Helligkeit und die Temperatur des Sterns. Deshalb könnte die Diffusion zu einer falschen Eichung von Sternhelligkeit und Temperatur führen. Die Einführung einer Korrektur hat tatsächlich das Alter auf minimal 16 Milliarden Jahre reduziert, aber den Alterskonflikt nicht aufgehoben.

Neueste Messungen an Kugelsternhaufen mit dem Hubble-Weltraumteleskop haben für eine weitere Überraschung gesorgt: Obwohl die Kugelsternhaufen zweifellos Heimstätte einer überalterten Sterngeneration sind, enthüllten jüngste

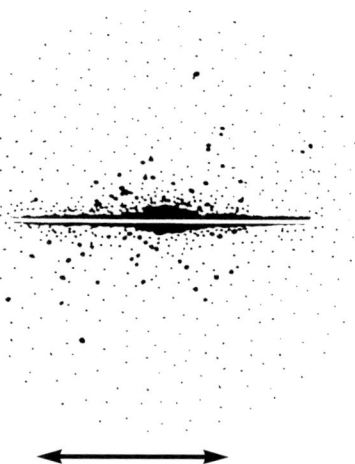

100.000 Lichtjahre

Abb. 36: Die Gasstaubscheibe unserer Milchstraße ist von einer kugelförmigen Ansammlung von alten, sogenannten Halosternen umgeben.

Beobachtungen helle, blau leuchtende und daher jung erscheinende Sterne. Diese sogenannte Blue Stragglers (Blaue Ausreißer) wurden in über 20 Kugelsternhaufen der Milchstraße gefunden. Bei den neu entdeckten Objekten handelt es sich deshalb wohl kaum um eine Laune der Natur.

Die Lebenserwartung leuchtkräftiger blauer Sterne beträgt nur wenige Zehnmillionen Jahre und ist damit weit kürzer als das Alter von Kugelsternhaufen; sie können damit nicht gleichzeitig entstanden sein. Daß es sich bei den neu entdeckten Objekten um junge Sterne handelt, ist aber deshalb wenig wahrscheinlich, weil die interstellare Materie – also der Rohstoff der neuen Sterne – in Kugelsternhaufen nicht einmal mehr in Spuren vorhanden ist.

Das ist ein echte Zwickmühle für die Kosmologen. Irgendwie müssen die alten Mitglieder eines Kugelsternhaufens eine Art Jungbrunnen gefunden haben. Wie soll diese Entdeckung in den Rahmen einer Entwicklungsvorstellung Eingang finden? Befriedigende Lösungen werden auf sich warten lassen. [49]

Kohlenstoffreiche Sterne mit großer Rotverschiebung. Der Nachweis von Kohlenstoff und anderen schweren Elementen in den entferntesten Quasaren zwingt die Kosmologen zu der Vorstellung, daß es etwa eine Milliarde Jahre nach dem Zeitpunkt des postulierten Urknalls, als die ersten Quasare auftauchten, bereits mehrere Generationen massereicher, kohlenstoffproduzierender Sterne existiert haben müssen. Bisher fehlt von ihnen jede Spur.

Je tiefer die Astronomen bei ihren Beobachtungen in den Weltraum vordringen – oder um im Modell zu bleiben – sich dem Urknall nähern, desto weniger Kohlenstoff sollten sie messen. Jeder weitere Quasar mit schweren Elementen in immer größerer Entfernung stellt das Urknallmodell auf eine harte Probe.

Auf geradezu dramatische Weise hat sich durch Beobachtungen des ESO-Observatoriums im chilenischen La Silla der Konflikt vertieft. Wie im Sommer 1995 berichtet, wurde die bisher entfernteste Galaxie entdeckt. Das Sternsystem soll 11 - 15 Milliarden Lichtjahre von der Erde entfernt sein. Das Sternsystem muß also nach der Urknallvorstellung früh entstanden sein, dennoch enthält es neben Wasserstoff die Elemente Aluminium, Kohlenstoff, Silizium und Schwefel. Diese deuten darauf hin, daß schon sehr früh Sterne entstanden und gestorben sein müssen. [50]

Wohlgeformte Galaxien am Rand der Welt. "Hubble Unveils New Cosmic Puzzle" war die Überschrift eines Berichtes in Aviation Week & Space Technology [51], das über die Beobachtung von elliptischen Galaxien am Rande des beobachtbaren Universums berichtete. In einer Entfernung von rund 14 Milliarden Lichtjahren hat man wohlgeformte elliptische Galaxien entdeckt, jedoch keine Spiralgalaxie. Sie scheinen alte, rote

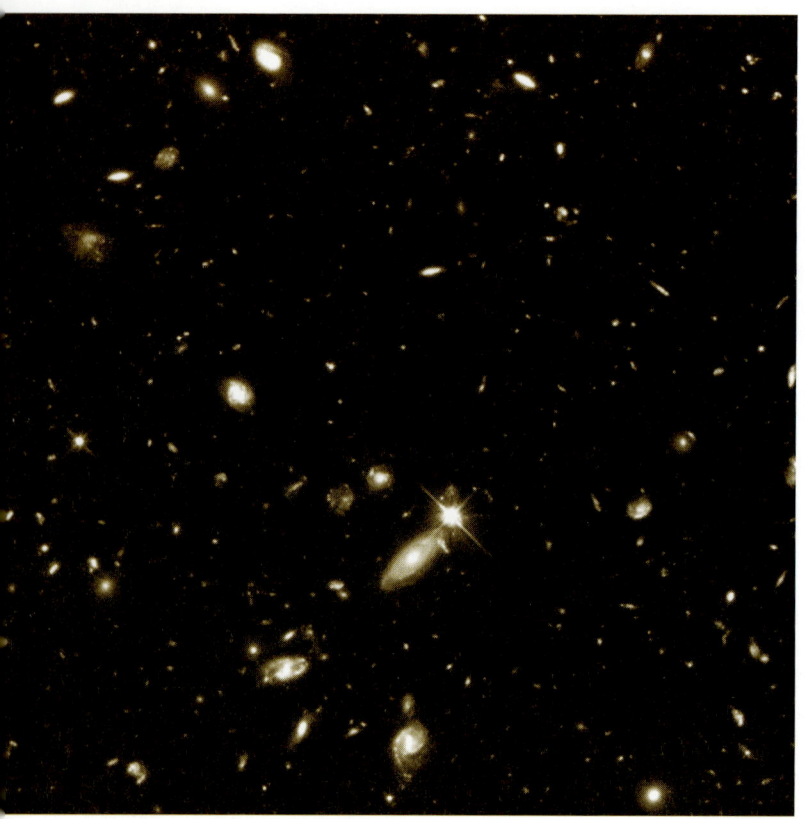

Sterne zu beherbergen, die nahezu zeitgleich mit dem Urknall (oder kurz danach, je nach angenommenem Alter) entstanden sein müssen. Oder ist etwas falsch mit der Entfernungsskala? Der leitende Wissenschaftler Duccio Macchetto meint: "Its's just not possible to make sense of it yet."

Altersabschätzung aus Großraumstrukturen. In Abschnitt 3.2 wurde bereits dargelegt, daß es bis heute unklar ist, wie sich die im Weltraum beobachteten Großraumstrukturen – die Große Wand oder die großen, nahezu galaxienfreien, blasenförmigen Leerräume in **Abb. 20** – in den relativ kurzen Zeiträumen gebildet haben können. Die in Abschnitt 3.3 diskutierten Ergebnisse des COBE-Satelliten einer nahezu strukturlosen Hintergrundstrahlung verschärfen

Abb. 37: Der bislang detailliertteste Blick des Hubble-Weltraumteleskops in tiefste Tiefen des Weltraums läßt auch in dessen "Kinderstube" etwa 1500 voll ausgebildete Galaxien erkennen. Für deren Entfernungen werden rund zehn Milliarden Lichtjahre angegeben.

diese Situation zusätzlich. Die fast gleichzeitig durchgeführten Messungen eines nahezu strukturlosen Urkosmos durch den COBE-Satelliten und die Erfassung eines von gigantischen Strukturen durchsetzten Kosmos durch das Hubble Weltraumteleskops sind ein schier unlösbares Rätsel der Kosmologie im Rahmen der heutigen Modellvorstellungen. Selbst bei dem bislang tiefsten Blick des Hubble-Weltraumteleskop in 10 Milliarden Lichtjahren Entfernung sieht man – sozusagen in der "Kinderstube" des Universums – massenhaft (ca. 1500 wurden gezählt) voll ausgebildete Galaxien (**Abb. 37**).

Zusammenfassung. Die Konsequenzen aus dem Dargestellten erschüttern das Weltbild der Kosmologen:

● Sie könnten die Theorie der Sternentwicklung opfern, einen Pfeiler der Astronomie und Triumph der Kernphysik.
➤ Eine Möglichkeit, die Sternentwicklung um Milliarden Jahre zu beschleunigen, sehen die Theoretiker nicht.
● Sie können das Fundament ihres Denkgebäudes, den Urknall, mit all seinen Folgen preisgeben.
➤ Es gibt heute kein wissenschaftliches Modell, das globale Beobachtungen kosmischer Strukturen befriedigend einordnen läßt.

● Sie müßten gigantische Kräfte unbekannter Herkunft annehmen, die an den Objekten zerren und die Messungen verfälschen.

➤ Diesen Weg, nämlich den Ruf nach einer neuen Physik, scheut jeder.

Damit ist die Suche nach dem Kosmosalter weit davon entfernt, beendet zu sein. Bei den aus Entfernungen abgeleiteten Altern mögen Staubwolken Objekte schwächer erscheinen lassen als sie sind und dadurch eine zu große Entfernung vortäuschen. Eigenbewegungen der Galaxien unabhängig von der Expansionsgeschwindigkeit können Alter verfälschen. Deshalb wird sowohl die Suche nach verläßlicheren Entfernungsindikatoren als auch nach verbesserten Sternentwicklungsmodellen weitergehen müssen. Die bisherigen Ergebnisse sind jedoch das beste, was Astrophysik mit den heutigen Mitteln – finanziell und technisch – leisten kann.

G. Tammann kommentiert: "Der Astronom muß viele Korrekturen bei seinen Auswertungen anbringen. Wenn er aber da angelangt ist, wo er hin will, sieht er möglicherweise keine Notwendigkeit mehr, nach weiteren Korrekturmöglichkeiten zu suchen. Es ist schwierig zu entscheiden, was in diesem Prozeß vom Wunschziel bestimmt und was ehrliches Suchen ist. Wissenschaftliches Arbeiten ist zuweilen nicht ganz so objektiv, wie man hofft." [52] Es ist ein steiniger Weg von Zahlen zur Welterkenntnis. In einem Spiegel-Interview sagte Tammann in Anbetracht der Komplexität der Bewertung von Messungen: "Die Hubble-Konstante ist ein Maß für die Naivität, mit der sie gemessen wird." [53] Andere nennen sie "Die Kunst des Ratens". [54]

Vera Rubin stellt in "Galaxien – Reise durch das Universum" fest, daß die Wissenschaft am besten vorankommt, wenn uns die Beobachtungen zu einer Änderung unserer Vorstellungen zwingen. "The search for a cosmological age is far from over." [55]

Kosmologen haben mit erheblichem Aufwand eine ganze Palette ausgefeilter Methoden entwickelt, um einer Antwort nach dem Alter der Welt näherzukommen. Allerdings bewegen sie sich an einer Grenze, wo manches zu verschwimmen beginnt. Noch zu keiner Zeit waren die Astronomen mit so weitreichenden Hilfsmitteln der Raumfahrt zur Lösung ihrer Probleme ausgestattet. Deshalb sollte man bald in der Lage sein, eine schlüssige Antwort zu geben, falls es sie denn gibt. Die Frage scheint allerdings berechtigt, ob ein so komplexes Thema ein eindeutiges, objektives Ergebnis erwarten läßt. Selbst – oder gerade – die Experten haben ihre Zweifel. Deshalb bleiben Arbeiten an dieser Front weiterhin spannend.

Fest steht: Aus heutiger Sicht ist sowohl unser Planetensystem als auch der beobachtbare Kosmos aus einer bunten Mischung von uns alt bzw. jung erscheinenden Phänomenen charakterisiert.

5. Grenze für unsere Neugier

Das Leugnen jenseitiger, uns unzugänglicher Dimensionen ist sowohl eine Spezialität der verschiedenen "Ismen" als auch des modernen, aufgeklärten Menschen schlechthin geworden.

Abb. 38: Neugierde vor 300 Jahren: Astronomie im 17. Jahrhundert.

In Kapitel 3 haben wir grundlegende Phänomene diskutiert, deren Existenz nur mit Hilfe einer postulierten dunklen Materieform über lange Zeit im gegenwärtigen Theorierahmen möglich ist. Die meisten unauffälligen Bestandteile des Kosmos mögen aber früher oder später zu entdecken sein, wenn nur die technischen Ausrüstungen sensibel genug ausgelegt werden können. Auch Planeten um andere Sterne können in Zukunft mit eigens konstruierten Teleskopen vielleicht sichtbar gemacht werden, was im Falle des Sternes Gliese 229 am weitesten fortgeschritten ist. Zwergsterne, zu schwach, um mit heutigen Einrichtungen erfaßt zu werden, könnten mit zukünftigen Teleskopen größerer Sammelflächen aufgenommen werden. Materie in stark verdünnter Form, wie die intergalaktischen Wolken aus kaltem Wasserstoff, die wir im intergalaktischen Raum finden, könnte entdeckt werden, wenn die Energie, die ihre verstreuten Atome in den unsichtbaren Wellenlängen der Radio- oder Röntgenstrahlung aussenden, aufgezeichnet werden kann. Aber es gibt eine Form, die die Materie annehmen kann, die sie wirklich unsichtbar macht, sie für immer unserem Blick verbirgt: Schwarze Löcher.

Der naturwissenschaftliche Materialismus – neben dem Kommunismus und dem Faschismus hat er seine Wurzeln in evolutionistischen Ansätzen – behauptet, daß das Zeit-Raum-Kontinuum der Materie – also unsere sichtbare Wirklichkeit – die einzige Realität des Kosmos darstellt. Als Folge dieser Sichtweise müssen andere Realitäten oder jenseitige Dimensionen ausgeschlossen werden. Alles, was existiert, muß unserer Forschung früher oder später über Messungen oder Erkenntnisse zugänglich sein. Es wird deshalb keine weitere Dimension geben, die uns naturwissenschaftlich nicht zugänglich ist oder die erkenntnismäßig von uns abgeschnitten wäre. Was nicht messend zu erfassen ist, gibt es nicht.

Nun haben Beobachtungen im Kosmos am Ende der 60er Jahre diese Sichtweise als unhaltbar ausgewiesen. Heute wissen wir definitiv, daß und wo es andere Dimensionen gibt, die unserer Realität und den naturwissenschaftlichen Forschungsmethoden prinzipiell nicht zugänglich sind, die aber unzweifelhaft existieren.

Der experimentelle Befund. Die im folgenden geschilderte Geschichte[56] löste anfangs helle Aufregung aus. In Cambridge wurde 1967 ein Radioteleskop in Betrieb genommen, das eigenartige Impulse aus bestimmten Himmelsregionen aufnahm. In der Ratlosigkeit über deren Bedeutung fühlte man sich an Morsezeichen fremder Intelligenzen erinnert, die möglicherweise Kontakt mit uns aufnehmen wollten. Das unter dem Synonym "LGM" (Little Green Men = kleine, grüne Männer) laufende Projekt wurde über viele Monate geheimgehalten, um keine Unruhe auszulösen. Es wurde jedoch bald klar, daß die Pulse aus einer besonderen Art von Sternen kommen, den Weißen Zwergen, die aus unvorstellbar hoch verdichtetem Material bestehen.

Unter gewissen Voraussetzungen kann ein Stern, der mindestens eineinhalbmal so groß ist wie die Sonne, nach der Relativitätstheorie in kurzer Zeit in sich selbst zusammenfallen. Die eigene Schwerkraft wirkt derart, daß das Objekt kollabiert. Das Schrumpfen seiner Dimension geht mit einer Dichteerhöhung einher. Schreitet die Verdichtung eines solchen Objekts weiter, dann wird immer mehr Material aus der Umgebung angezogen. Dies bringt wiederum mit sich, daß der Kollaps immer noch weiter geht – das Objekt komprimiert immer weiter. Es wird dadurch immer kleiner und dichter. Das Aufsammeln von Material der Umgebung und das Komprimieren des Objekts ist zum Selbstläufer geworden. Es wurde ein Vorgang zum Laufen gebracht, der einen Trend zu immer kleinerer Dimension und zu immer höherer Dichte hat. Am Ende dieses Autokollapses entsteht ein Weißer Zwerg. Er rotiert mit hoher Frequenz und wird durch seine große Dichte zusammengehalten. Seine Energieausstrahlung ist enorm: Wann immer ein Energiepuls die Erde erreicht, können wir ein Signal aufnehmen. Man kann sich das am besten am Vergleich mit dem Leuchtfeuer eines Leuchtturms klarmachen.

$$T_v \sim 0.7$$

$$E = m \cdot c^2$$

$$T_v \sim 2.7$$

$$\Delta E \cdot \Delta t = th$$

$$T_v \sim 2.7$$

Abb. 39: Wechselwirkung von Licht mit massereichen Objekten.

Stadium A: **Wenn ein Lichtstrahl dicht an der Sonne vorbeigeht, wird er von der Schwerkraft der Sonne leicht abgelenkt.**

Stadium B: **Wenn ein Lichtstrahl an einem Weißen Zwerg vorbeieilt, wird er stärker abgelenkt.**

Stadium C: **Geht ein Lichtstrahl an einem Schwarzen Loch vorbei, wird er, wenn er außerhalb des Ereignishorizontes des Schwarzen Loches den Körper passiert, stark abgelenkt. Ist der Abstand des Lichtstrahles gerade der des Ereignishorizontes, wird der Lichtstrahl „gefangen" und „kreist" ewig in einer Umlaufbahn um das Schwarze Loch herum. Ist der Abstand des Lichtstrahles kleiner als der des Ereignishorizontes, so wird der Lichtstrahl vom Schwarzen Loch „verschluckt". Bei entsprechendem Abstand wird eine Totalreflexion erzeugt.**

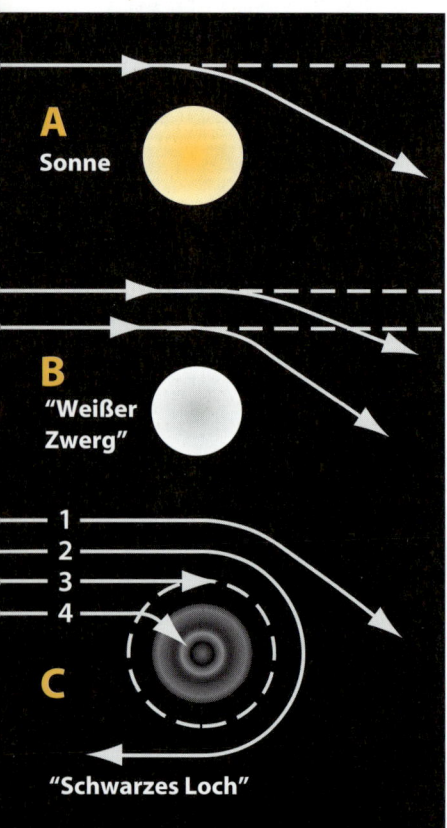

A Sonne

B "Weißer Zwerg"

1
2
3
4

C "Schwarzes Loch"

Diese Geschichte steckte also hinter dem Vorhaben "LGM". Das Kollapsverfahren endet in einem bislang nicht bekannten Zustand, der die Schwerkraft des Objekts so groß werden läßt, daß sogar das Licht dem Bann seiner Schwerkraft nicht entrinnen kann. Es wird von dem Objekt selbst verschluckt. Man kann drei unterschiedliche Grenzfälle betrachten, die in **Abb. 39** dargestellt sind:

Stadium A. Sonne. Wenn ein Lichtstrahl an einem massereichen Objekt nahe genug vorbeigeführt wird, erfährt er aufgrund der Gravitationskraft dieses Objekts eine Richtungsänderung. Wenn wir das fortschreitende Kollabieren des Objekts bis hin zum Schwarzen Loch verfolgen, wäre dieses **Stadium A als Beginn des Kollapses** zu bezeichnen.

Stadium B. Weißer Zwerg. Wenn ein Lichtstrahl an einem Weißen Zwerg vorbeigeht, wird er stärker abgelenkt.

Stadium C. Schwarzes Loch. Geht ein Lichtstrahl an einem Schwarzen Loch vorbei, wird er noch stärker abgelenkt (Fall 1). Ist der Abstand des Lichtstrahls gerade der des "Ereignishorizonts", wird der Lichtstrahl eingefangen und auf eine gebundene Kreisbahn gezwungen. Das Licht kreist dort für immer um das Zentrum des Schwarzen Loches (Fall 2). Im Fall 3 ist aber der Abstand des Lichtstrahls kleiner als der Ereignishorizont, weshalb der Lichtstrahl vom Schwarzen Loch absorbiert wird und für immer verschwindet. Analoges erfährt ein Lichtstrahl, der als Grenzfall direkt in das Zentrum des Schwarzen Lochs trifft und nie mehr zum Vorschein kommt. Im Fall 4 passiert der Lichtstrahl in einem solchen Abstand das Schwarze Loch, daß er dorthin zurückläuft, wo er herkam (Totalreflexion).

Eine Folge dieses vollständigen Verschlucktwerdens des Lichtes innerhalb des Ereignishorizontes ist natürlich, daß man einen solchen Körper wie ein Schwarzes Loch prinzipiell nicht direkt sehen kann. Alles innerhalb des Ereignishorizontes ist prinzipiell unsichtbar – und zwar für immer. Wie bereits in Kap. 2 ausgeführt, muß ein Körper Licht aussenden oder reflektieren, um gesehen werden zu können. Man sieht Planeten, weil sie Licht reflektieren, und man sieht eine brennende Kerze im Dunkeln, weil sie Licht aussendet. Ein Schwarzes Loch kann kein Licht ausstrahlen, weil alle Lichtstrahlen innerhalb des Ereignishorizontes absorbiert werden. Das Schwarze Loch reflektiert kein Licht innerhalb des Ereignishorizontes, weil dort alles Licht verschluckt wird. So bleibt ein Schwarzes Loch prinzipiell für immer unsichtbar. Nur das Verhalten von Materie der Nachbarschaft läßt indirekte Schlüsse auf ein Schwarzes Loch zu.

Wie konkret ist der experimentelle Befund Schwarzer Löcher? Seit den Beobachtungen um das Jahr 1917 haben Astronomen eine ungewöhnliche Aktivität im Zentrum der riesigen elliptischen Galaxie M87 festgestellt. Untersuchungen mit Hilfe von Radioteleskopen in den 50er Jahren bestätigten den Befund eines Stroms hochenergetischer Elektronen, die mit nahezu Lichtgeschwindigkeit aus dem Innern von M87 herausgeschleudert werden. Die Frage blieb jedoch offen, was der "Motor" dieser Energieschleuder sei.

Beobachtungen mit dem reparierten Hubble Space Telescope HST bestätigen nach 2 Jahrhunderten Spekulation und Theorie indirekt (einen direkten Nachweis kann es per definitionem nicht geben) die Existenz eines Schwarzen Loches und holen damit dieses Phänomen aus der Ecke der bloßen "science fiction" heraus.

In hochaufgelösten Bildern erscheint der in Andeutungen bekannte Jet, der aus einer Reihe von Knoten besteht. In **Abb. 40** sieht man erstmals in das Zentrum von M87 hinein. Nach rechts oben bildet sich der überdimensionale Jet aus. Man beachte,

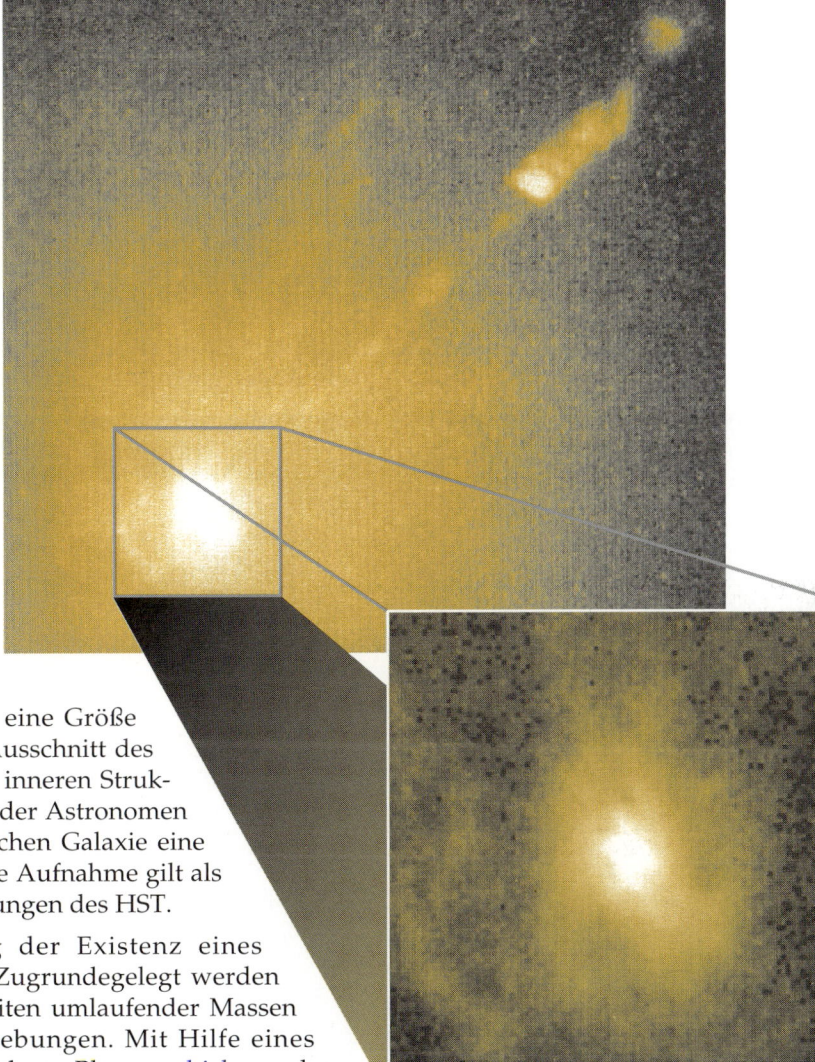

daß die kleinsten Knoten etwa eine Größe von 10 Lichtjahren haben. Der Ausschnitt des Zentrums zeigt Einzelheiten der inneren Struktur von M87. Zur Überraschung der Astronomen zeigt sich inmitten einer elliptischen Galaxie eine ausgeprägte Spiralstruktur. Diese Aufnahme gilt als eine der bedeutendsten Entdeckungen des HST.

Womit wird die Deutung der Existenz eines Schwarzen Loches begründet? Zugrundegelegt werden Messungen von Geschwindigkeiten umlaufender Massen aufgrund von Dopplerverschiebungen. Mit Hilfe eines Spektrographen wurde die Rot- bzw. Blauverschiebung des Lichtes der rotierenden Spiralstruktur gemessen. Im Zuge der Rotation bewegt sich nämlich der eine Teil der Spirale auf den Beobachter auf der Erde zu und der andere bewegt sich entsprechend weg. Gemessene Rotationsgeschwindigkeiten weisen eine Geschwindigkeit von 550 km/sec nach. **Abb. 41** zeigt nochmals das Zentrum M87 und den Bereich der Geschwindigkeitsmessung links und rechts davon. Das heißt: Ohne eine massive Anziehungskraft im Zentrum würde die rotierende

Abb. 40: Der bislang beeindruckendste Blick ins Zentrum der riesigen elliptischen Galaxie M87. Im Bild sieht man den herausragenden Jet. Überraschenderweise besteht das Zentrum aus einer Spiralstruktur, wie der Ausschnitt belegt.

Scheibe in kurzer Zeit auseinandergerissen werden. Aus der Rotationsgeschwindigkeit und der Entfernung vom Zentrum berechnete das Team die Masse des Schwarzen Loches zu 2 - 3 Milliarden Sonnenmassen in einem Raum, der nicht größer ist als die Ausdehnung unseres Planetensystems.

R. Harms vom Applied Research Corp., Landover, MD. meint: Ein massives Schwarzes Loch ist tatsächlich die konservativste Erklärung für das, was wir in M87 sehen. Wenn es kein Schwarzes Loch ist, dann muß es etwas noch Exotischeres sein, um im Rahmen unserer Theorien verstanden zu werden.

Abb. 41: Die hohe über Dopplerverschiebung gemessene Rotationsgeschwindigkeit von ca. 500 km/sec (s. Kreise) ist der bisher massivste Hinweis auf ein Schwarzes Loch im Zentrum von M87. Seine Masse beträgt einige Milliarden Sonnenmassen bei einer Größe von der des Planetensystems.

Für Jahrzehnte wurden Schwarze Löcher eher als mathematische Kuriositäten gehandelt. Mit der Entdeckung von aktiven Galaxien und Quasaren gelten Schwarze Löcher als die beste Erklärung, um die beobachteten hochenergetischen Vorgänge im Weltraum zu erklären.

Die HST-Beobachtung ist der bislang massivste Hinweis auf ein Objekt, das über einen Gravitationskollaps entstand. Dies wurde vor ca. 80 Jahren durch Albert Einstein im Rahmen der Allgemeinen Relativitätstheorie vorhergesagt.

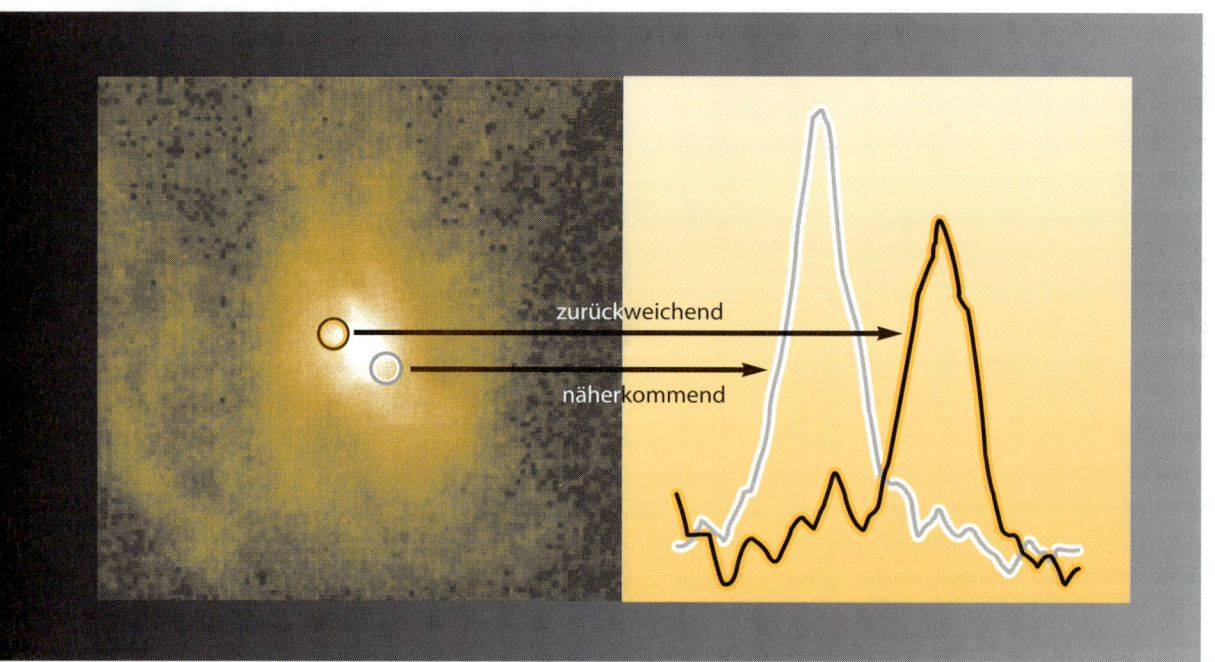

zurückweichend

näherkommend

Der Ereignishorizont. In **Abb. 39** haben wir verfolgt, wie die Schwerkraft mit kleiner werdendem Abstand zunimmt. Umgekehrt gilt Analoges: Je weiter man sich vom Zentrum des Schwarzen Loches entfernt, desto geringer wird die Anziehungskraft seiner Gravitation. Genau diese Verhältnisse spiegeln sich in der Wechselwirkung mit unserem Lichtstrahl wider. So wird es einen ganz bestimmten Abstand für unseren Lichtstrahl geben (**Abb. 39**, Fall 2), an dem das Licht in eine

Kreisbahn umgelenkt, aber nicht verschluckt wird. Genau in diesem Abstand wird das Licht in eine geschlossene Umlaufbahn um das Schwarze Loch gezwungen, aus der es sich nicht mehr befreien kann. Wie eine Weihnachtskugel legt sich ein Ereignishorizont um das Zentrum des Schwarzen Loches. Außerhalb dieses Horizontes wird das Licht nur abgelenkt und nicht absorbiert. Innerhalb dieser Zone wird das Licht und alle Materie gebunden oder verschluckt. Dieser Ereignishorizont ist als Grenze zu unserer Wirklichkeit aus folgenden Gründen von großer Bedeutung:

1. Schlußfolgerung. Wenn sich eine Uhr diesem Ereignishorizont nähert, wird die Zeit immer langsamer laufen, um dann bei Erreichen des Ereignishorizontes schließlich stillzustehn. Zeit, wie wir sie kennen, hört am Ereignishorizont also auf. Hier liegt folglich eine Grenze unseres Raum-Zeit-Kontinuums. Wir haben die Grenze der empirisch zugänglichen Realität erreicht.

2. Schlußfolgerung. Jenseits des Ereignishorizontes können wir keine Aussage mehr über die Gesetzmäßigkeiten der Materie treffen. Die physikalischen und die chemischen Gesetzmäßigkeiten hören im Zentrum des Schwarzen Loches auf. Materie, wie wir sie kennen, hört dort auf. Hier endet Materie, denn hier enden Zeit und materielle Wirklichkeit, die wir kennen.

3. Schlußfolgerung. Am Ereignishorizont fängt eine sog. "kosmische Zensur" an. Das bedeutet, daß wir von unserer Realität aus nie erfahren können, was jenseits dieser Grenze geschieht. Wir können also prinzipiell nie sehen noch erfahren, welche Ereignisse jenseits dieser Grenze stattfinden. Sie können von uns aus nie beobachtet noch erforscht werden. Alles, was jenseits des Ereignishorizontes liegt, ist kosmisch zensiert. Jenseits dieser kosmischen Grenze gibt es also eine neue Dimension, die wir von unserem Raum-Zeit-Kontinuum aus nie erforschen können. Dieses "Jenseits" bleibt uns für immer verschlossen.

6. Zusammenfassende Bewertung

Die globale Struktur und Entwicklung des Universums sind schwer zu entschlüsseln, weil wir, die Beobachter, dazugehören und weil wir – kosmisch betrachtet – nur einen kleinen Ausschnitt in Raum und Zeit direkt beobachten können. Außerdem sind direkte experimentelle Überprüfungen einzelner Fakten, wie in der Laborphysik, nicht möglich. Mit Sternen und Galaxien läßt sich nicht experimentieren. Hier bleibt nur der lange Weg des Erkenntnisgewinns durch die geduldige Vermessung der Strahlungs- und Teilchenströme, die in erdgebundenen und Satelliten-getragenen Teleskopen und Teilchenzählern registriert werden. Die Beobachtungen werden dann im Rahmen einer kosmologischen Theorie interpretiert.

Dabei akzeptiert man zunächst das einfache Prinzip, daß die in Laborexperimenten gefundenen physikalischen Gesetze auch für alle stellaren und kosmischen Phänomene gelten. Dies bedeutet eine beträchliche Extrapolation in Bereiche, die direkten experimentellen Tests nicht zugänglich sind. Immer wieder werden auch interessante Objekte im Kosmos entdeckt, die sich einer einfachen, unmittelbaren Deutung entziehen. Dann wird schnell der Ruf laut, eine "neue Physik" zur Erklärung einzuführen.

Paradoxerweise trifft die Beobachtung zu, daß eine durch gemessene Fakten und theoretische Schlüsse ins Zwielicht geratene Interpretation des Ursprungs unseres Kosmos umsomehr durch theoretische Hilfskonstruktionen gestützt wird, je drängender die Fakten werden ("Selffulfilling prophecy").

Die wichtigsten Säulen der Urknalltheorie sind

1. die *gemessene Rotverschiebung* der Spektren, die als Expansionsbewegung interpretiert wird.
   ➜ Über Materiebrücken vorhandene Doppelsysteme unterschiedlicher Rotverschiebung fordern eine andere Interpretation.

2. der *gemessene Mikrowellenhintergrund*. Man interpretiert ihn als "Echo des Urknalls". Allerdings kann er auch durch Streuung von normalem Sternlicht an sog. "Whiskers" verstanden werden. Solche von Supernovae-Ausbrüchen freigesetzte Metallteilchen durchsetzen das ganze interstellare Medium. Andere führen Bremsstrahlung von Elektronen an, die sich durch das Gas von Galaxien bewegen. Die Auseinandersetzung darüber dauert noch an. Bis zum heutigen Tag kann weder das eine noch das andere ausgeschlossen werden. Der Mikrowellenhintergrund wird als gleichmäßig über den ganzen Raumwinkel verteilte Strahlung gemessen, so daß Materie und Energie einmal gleichmäßig verteilt gewesen sein müssen. Dies ist schwerlich mit den

großräumigen Strukturen von gewaltigen Masseansammlungen und überdimensionalen Leerräumen zu vereinbaren, die wir sowohl im lokalen Universum als auch an dessen Beobachtungsgrenze gleichermaßen beobachten können.

➜ Das Auffinden von "Kondensationskeimen" für große Strukturen ist nicht gesichert. Der Umfang des ganzen Konflikts wird daran deutlich, daß der Ruf nach Aufteilung der Kosmosentwicklung in drei Phasen immer lauter wird (s. **Abb. 42**).

● 1. Phase: Ära des Urknalls als homogenes und isotropes Universum ohne irgendwelche Unregelmäßigkeiten, die es erlauben würden, einen Punkt von einem anderen zu unterscheiden. Es ist kein einfacheres Modell vorstellbar, was sicher ein Grund für seinen Erfolg war.

● 2. Phase: Niemandsland in Raum und Zeit; hier sollen in bisher nicht verstandener Weise Quasare und Galaxien gebildet worden sein. Dies konnte bis heute weder meßtechnisch erfaßt noch modellmäßig konzipiert werden.

● 3. Phase: Unser heute beobachtbares, durch einen hohen Grad von Struktur und Ordnung bekanntes Universum, in dem Astronomen mehr Galaxien zählen als kosmologische Modelle vorhersagen.[57]

3.   die *gemessene Heliumverteilung*; die im Weltraum gemessene Verteilung von etwa 25% deckt sich mit der unter bestimmten Voraussetzungen aus dem Urknallmodell zu erwartenden Häufigkeit.

Abb. 42: Darstellung der drei Bereiche, in die heute Kosmologie aufgeteilt wird.

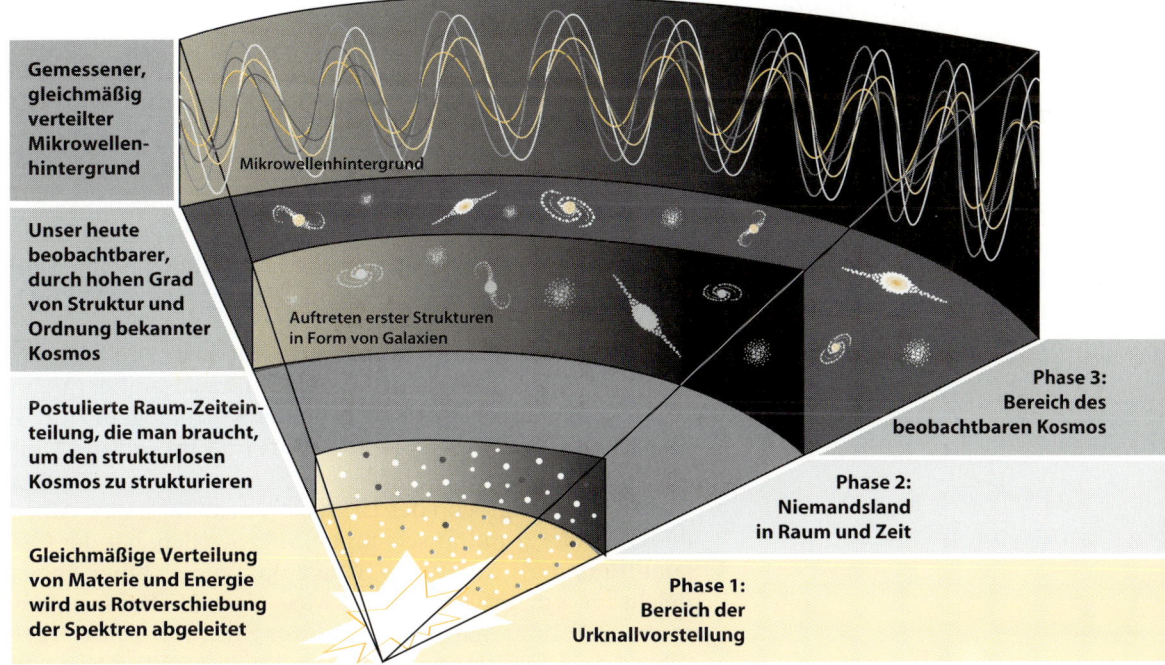

Gemessener, gleichmäßig verteilter Mikrowellenhintergrund

Mikrowellenhintergrund

Unser heute beobachtbarer, durch hohen Grad von Struktur und Ordnung bekannter Kosmos

Auftreten erster Strukturen in Form von Galaxien

Postulierte Raum-Zeiteinteilung, die man braucht, um den strukturlosen Kosmos zu strukturieren

Gleichmäßige Verteilung von Materie und Energie wird aus Rotverschiebung der Spektren abgeleitet

Phase 3: Bereich des beobachtbaren Kosmos

Phase 2: Niemandsland in Raum und Zeit

Phase 1: Bereich der Urknallvorstellung

➜ Dem steht entgegen, daß sich diese Aussage nur auf den kleinen Teil der sichtbaren Materie von nur wenigen Prozenten bezieht.

Der Urknall hat Probleme, weil er

● "als ein unerklärbares Ereignis ohne Ursache behandelt wird
● nicht überzeugend erklären kann, wie die Materie in einzelnen Massenansammlungen organisiert wurde (Galaxien und Cluster von Galaxien)
● keine Voraussage darüber gibt, daß das Zusammenhalten der Struktur des Universums nur durch die Existenz einer seltsamen, unbekannten "dunklen" Form von Materie erklärt werden kann. Sie wird in riesigen Mengen gefordert, um die globale Struktur des Universums und die Entwicklung seiner Objekte zu klären. (Vgl. dazu die Schlußfolgerungen auf S. 31.)

Selbst das stärkste Beweisstück für den Urknall hat sich als gegen diesen sprechend erwiesen. Materie breitet sich nicht gleichförmig aus. Entsprechend inhomogen müßte die vom Urknall übriggebliebene Strahlung sein. Bemerkenswerterweise haben die Ergebnisse des COBE-Satelliten enthüllt . . ., daß die Strahlungsintensität hoffnungslos gleichförmig ist. Die Ergebnisse widersprechen also den theoretischen Urknall-Voraussagen … Die Reaktionen darauf waren jedoch von platonischer Zurückhaltung: Die Urknalltheorie muß einfach richtig sein." [58]

Selbstverständlich wird jeder Kosmologe zugeben, daß der eigentliche Urknall nicht erklärbar ist. Modelle – so die vage Hoffnung – werden erst dann gelingen, wenn eine Verknüpfung zwischen Gravitation und Quantentheorie gefunden wurde.

Das Problem schwerer Elemente in großer Entfernung. Je tiefer die Astronomen bei ihren Beobachtungen in den Weltraum vordringen – oder um im Modell zu bleiben – sich dem Urknall nähern, desto weniger Kohlenstoff sollten sie messen. Jeder weitere Quasar mit schweren Elementen in immer größerer Entfernung stellt das Urknallmodell auf eine harte Probe.

Das Problem der Strukturen im Kosmos. Die Frage nach dem Ursprung von Struktur in der strukturlosen Energiebrühe des Urknalls ist zur Schlüsselfrage der Kosmologen, zum Testfall für alle Vorstellungen von Geburt und Jugend des Universums geworden.

Im "Strahlungsecho des Urknalls", dem das ganze All erfüllenden Hintergrundrauschen von Mikrowellen, hat der COBE-Satellit erstmals marginale Schwankungen sichtbar gemacht, gleichsam winzige Kräusel im Meer der "Urstrahlung", hunderttausendmal schwächer als der Strahlungshintergrund selbst. Diese Mini-Inhomogenitäten lösen das Strukturproblem nicht. Sie sind deshalb nicht das eigentliche Ziel, allenfalls ein Wegweiser.

Zeitgleich zur Messung des strukturlosen Urkosmos, das COBE im Mikrowellenlängenbereich erfaßt hat, führten uns Beobachtungen des Hubble Space Telescopes HST im optischen Bereich einen von gigantischen Strukturen durchsetzten Kosmos vor Augen. Diese sich widersprechenden Bilder ein und desselben Universums sind eines der größten, schier unlösbaren Rätsel der Kosmologie im Rahmen der heutigen Modellvorstellungen.

Trotz der damals noch lädierten Optik des HST hatte man im Zentrum einer Riesengalaxie 50 helle Objekte ausgemacht, die offensichtlich junge Stern-Cluster sind. Das ist deshalb eine überraschende Entdeckung, weil gewöhnlich Stern-Cluster zu den ältesten Objekten des Universums zählen.

Der Kosmos, so scheint es, gleicht einem gigantischen Schwamm: In Blasen von mehreren Hundert Lichtjahren Durchmesser konnten die Astronomen keine einzige Galaxie finden. Umgeben sind diese materielosen Einöden von Wänden aus klumpenden Galaxienansammlungen. Die "Große Mauer" mißt unvorstellbare 500 Millionen Lichtjahre.

Galaxien werden auch als "Schaumkronen" auf Ansammlungen "dunkler Materie" verstanden, doch läßt sich weder definitiv sagen, wie sich das Ansammeln abspielte noch was die "dunkle Materie" ist.

Das Problem der Entfernungsbestimmung im Kosmos. Die primäre Aufgabe des Hubble-Weltraumteleskops ist die Bestimmung der sogenannten Hubble-Konstanten H_0, die allerdings seit ihrer anfänglichen Bestimmung einer enormen Schrumpfung um den Faktor 5-10 unterlag (vgl. **Abb. 29**). Sie soll die durch den postulierten Urknall verursachte Ausdehnung des Raumes beschreiben und ihr Kehrwert sollte ein direktes Maß für das Weltalter sein. Neueste Messungen mit dem Weltraumteleskop am sogenannten Virgo-Haufen haben neue Diskussionen über das Weltalter ausgelöst.

Bislang wurden Werte zwischen 16 bis 19 Milliarden Jahre gehandelt, wobei sich die Astronomen nie auf einen Wert einigen konnten. Die neuesten Messungen am Virgo-Haufen mit dem Hubble-Teleskop als dem zur Zeit besten astronomischen Beobachtungsgerät sprechen jetzt jedoch eher für 8 bis 12 Milliarden Jahre. Ein so junges Alter steht allerdings im Konflikt mit den vorgenannten Altersbestimmungen, die aus dem Nachweis schwerer chemischer Elemente in Sternen großer Entfernung oder der Bildung gewaltiger Strukturen im Raum ergeben. Da Sterne nicht älter sein können als der Kosmos, zu dem sie gehören, bleibt die Frage nach dem Alter der Welt nach wie vor eines der größten Puzzle der Kosmologie.

Es wurde dargestellt, mit welch ausgefeilten Methoden Kosmologen eine Antwort suchen. Wir ahnen, daß eine Grenze

Ohne den Urknall als zu stützendes Modell käme aus Messungen eines Mikrowellenhintergrunds niemals eine derartige Schlußfolgerung zu Tage.

Karl Popper

Das Universum zeigt sich unseren Erkundungen zugänglich. Wir wollen es mit unserem Verstand durchleuchten. Es ist aber nicht nur Forschungsgegenstand, sondern auch Himmel. Damit sind auch Dimensionen angesprochen, die Gott in uns hineingelegt hat.

erreicht wurde, an der manches zu verschwimmen beginnt. Die Frage scheint berechtigt, ob so komplexe Themen noch ein eindeutiges, objektives Ergebnis erwarten lassen.

Renommierte, kritische Stimmen. Der Wissenschaftsphilosoph Karl Popper hat immer wieder betont, daß es absolute Tatsachen in der Wissenschaft nicht gebe, denn jede wissenschaftliche Beobachtung geschehe im Lichte von Theorien. Die Theorie hat damit die Priorität. Erfahrungen und Tatsachen sind nur als gedeutete, also nur in Abhängigkeit von der zugrundegelegten Theorie, wissenschaftlich begreifbar zu machen. Ohne den Urknall als zu stützendes Modell käme aus Messungen eines Mikrowellenhintergrunds niemals eine derartige Schlußfolgerung zu Tage.

Der Wissenschaftskritiker K. Hübner hat seine "Kritik an der wissenschaftlichen Vernunft" wie folgt bilanziert: "Was ich versucht habe, könnte man einen Beitrag zur Entzauberung der rationalistisch-empiristisch verstandenen Wissenschaft nennen, worunter man den Glauben an absolute wissenschaftliche Tatsachen und Grundsätze versteht. Damit bestreite ich zugleich den Anspruch, die Wissenschaften hätten allein den Zugang zur Wahrheit und Wirklichkeit gepachtet." [59]

Edwin Hubble, der Mann, der ursprünglich das "All explodieren" ließ, bekennt selbstkritisch: "Die Erkundung des Raumes endet in einem Nebel der Ungewißheit . . . Wir tasten uns suchend an gespenstischen Meßfehlern entlang."

Der Physiker V. Weisskopf gesteht nach seinen Ausführungen über "Der Ursprung aller Dinge", daß "alles völlig unbewiesene Hypothesen sind. Sie können sich als bloße Phantasie herausstellen, aber es sind doch beeindruckende Ideen." [60]

Am Ende aller Diskussionen über das Universum bleibt ein ganzes Universum von Fragen über das Universum. Unsere Nachfahren mögen die kosmologischen Vorstellungen unserer Zeit mit Achtung, Verwunderung, Ärger oder auch Heiterkeit betrachten. Wichtig ist, daß die Bemühungen um ein Verständnis nicht mehr rein spekulativer Natur zu sein brauchen. Das Universum zeigt sich unseren Erkundungen zugänglich. Wir wollen es mit unserem Verstand durchleuchten. Es ist aber nicht nur Forschungsgegenstand, sondern auch Himmel. Damit sind auch Dimensionen angesprochen, die Gott in uns hineingelegt hat.

7. Persönliches Bekenntnis

Für mich ist die beeindruckendste Wiedergabe dessen, wie alles begann, in Joseph Haydns Oratorium "Die Schöpfung" wiedergegeben. Am Anfang singt der Chor der Engel sehr leise und geheimnisvoll "Und Gott sprach, es werde Licht". Bei den Worten "und es ward Licht" leitet der ganze Chor und das Orchester zu einem strahlenden C-Dur-Akkord über. Ich glaube, es gibt keine eindrucksvollere Darstellung davon, wie alles begann:

"Am Anfang schuf Gott Himmel und Erde.
Und die Erde war wüst und leer, und es war finster auf
der Tiefe; und der Geist Gottes schwebte auf dem Wasser.
Und Gott sprach: Es werde Licht!
Und es ward Licht.
Und Gott sah, daß das Licht gut war.
Da schied Gott das Licht von der Finsternis
und nannte das Licht Tag und die Finsternis Nacht.
Da ward aus Abend und Morgen der erste Tag.
Und Gott sprach: Es werde eine Feste zwischen den Wassern,
die da scheide zwischen den Wassern.
Da machte Gott die Feste und schied das Wasser
unter der Feste vom Wasser über der Feste.
Und es geschah so.
Und Gott nannte die Feste Himmel.
Da ward aus Abend und Morgen der zweite Tag.
Und Gott sprach: Es sammle sich das Wasser unter dem Himmel
an besondere Orte, daß man das Trockene sehe.
Und es geschah so.
Und Gott nannte das Trockene Erde,
und die Sammlung der Wasser nannte er Meer.
Und Gott sah, daß es gut war. . .
Und Gott sprach: Es werden Lichter an der Feste des Himmels,
die da scheiden Tag und Nacht und geben Zeichen,
Zeiten, Tage und Jahre
und seien Lichter an der Feste des Himmels,
daß sie scheinen auf die Erde.
Und es geschah so.
Und Gott machte zwei große Lichter:
ein großes Licht, das den Tag regiere,
und ein kleines Licht, das die Nacht regiere,
dazu auch Sterne.
Und Gott setzte sie an die Feste des Himmels,
daß sie scheinen auf die Erde
und den Tag und die Nacht regierten
und schieden Licht und Finsternis.
Und Gott sah, daß es gut war.
Da ward aus Abend und Morgen der vierte Tag.
(1. Mose 1, 1 - 10. 14 - 19)

> *„Die Schöpfung ist ein Buch; wer´s wirklich lesen kann, dem wird gar fein der Schöpfer kundgetan."*
>
> Johannes Scheffler

Am Anfang schuf Gott aus dem Nichts den Kosmos. Das ist das Weltbild der Bibel. Gott, der ohne Anfang ist, gab dem Kosmos seinen Anfang. Die Bibel hat weder das Kopernikanische noch das Ptolomäische Weltbild. Ihr Weltbild ist nicht dreistöckig, sondern theozentrisch.

Evolution wird immer außerhalb eines experimentell nachprüfbaren Wissenschaftsrahmens bleiben. Die Evolutionslehre ist daher eher Philosophie als Wissenschaft. Sie beginnt mit der Annahme, daß sich der Kosmos entwickelt hat, woher die Voraussetzungen dafür auch gekommen sein mögen.

Christen haben ebenfalls eine Art "Philosophie". Sie beruht auf dem Zeugnis der Heiligen Schrift, daß Gott sein energiegeladenes Wort materialisierte und so den Kosmos schuf. Eine Entscheidung zwischen beiden Standpunkten ist wissenschaftlich nicht zu treffen. Aber es ist unmöglich, daß unrichtige Annahmen fortwährend richtige Schlüsse bringen. Das wollte ich mit dieser Schrift andeuten. Ich möchte die Serie von Unstimmigkeiten im Urknall-Theorierahmen als Fingerzeig auf ein biblisches Schöpfungsverständnis werten, was sicher nicht argumentativ zu verifizieren ist. Aber es darf als Hinweis gelten. Wir ahnen Spuren der Schöpfung. Ein gründliches, vorbehaltloses Erforschen des Kosmos wird uns zunehmend an die Thematik der Schöpfung bringen. Das ist meine persönliche Überzeugung.

Paulus bringt dies im Römerbrief zum Ausdruck (Röm 1, 19f.): "Denn was man von Gott erkennen kann, das ist unter ihnen wohlbekannt. Gott hat es ihnen kundgemacht. Sein sichtbares Wesen – seine ewige Macht und göttliche Größe – läßt sich ja seit der Erschaffung der Welt in seinen Werken deutlich wahrnehmen. Darum sind die Menschen ohne Entschuldigung." Von Jesus Christus wird bezeugt: "Es ist alles durch ihn und zu ihm geschaffen. Und er ist vor allem, und es besteht alles in ihm" (Kol 1,16). Ebenso der Hebräerbrief: "Ihn (Jesus) hat Gott gesetzt zum Erben über alles: durch ihn hat er auch die Welt gemacht"(Hebr 1,2).

Es ist sicher ein bedenkliches Zeichen, daß in dieser Schrift so viel über Hypothesen und Modelle zum Anfang der Welt diskutiert werden mußte, um zu zeigen, daß "unser Wissen stümperhaft" ist. Es mußte vieles ausgeräumt werden, bevor ich zu einem persönlichen Bekenntnis zum Bericht der Bibel über den Anfang komme. Es zeigt, wie sehr wir uns mit "Wissen" den Weg zum "Glauben" verbaut haben. Der Glaube ist weder wissenschaftlich fundiert noch mathematisch faßbar. Er ist existenziell begründet durch persönliche Verbindung zu Christus, eine Beziehung also, aus der mein Leben Kraft und Erkenntnis gewinnt. Das kann ich aus der Wissenschaft allein nicht holen.

Wer Gottes Wort folgt, sieht natürlich die gleichen Lichtquellen beim Blick durch ein Teleskop, aber er sieht sie in einer anderen Perspektive. Vor drei Jahrtausenden schrieb König David: "Die Himmel erzählen die Ehre Gottes, und die Feste verkündigt seiner Hände Werk. Ein Tag sagt's dem andern, und eine Nacht tut's kund der anderen, ohne Sprache und ohne Worte, unüberhörbar ist ihre Stimme." (Ps. 19, 1 - 4). Wenn ich den Blick zum Himmel richte, dann erkenne ich, daß es einen allmächtigen und unendlich weisen Gott erfordert, um all dies zu machen. Ich sehe die Schönheit zur Ehre Gottes in einer unermeßlichen Lichtfülle des Sternlichts, in den feinen Farben eines Reflexionsnebels und in der beinahe spielzeugartigen Vollkommenheit einer Spiralgalaxie. All das ist das Werk der Hände Gottes und das Ergebnis seiner Gedanken. Der Himmel ist ein Schauspiel unendlicher Variationen und unermeßlicher Energie.

Erdenbewohner und Heimatsucher. Mit meinem persönlichen Zeugnis wollte ich nicht isoliert nach einer naturwissenschaftlich orientierten Abhandlung noch etwas Religiöses anhängen. Deshalb möchte ich noch eine von vielen möglichen Brücken zwischen beiden Bereichen schlagen. In Kap. 5 "Grenze für unsere Neugier" haben wir die Existenz anderer Realitäten diskutiert, die uns naturwissenschaftlich prinzipiell nicht zugänglich sind. Das Phänomen des "Ereignishorizonts" um Schwarze Löcher wurde dargestellt.

Die Berichte der Bibel lassen keinen Zweifel an der Realität anderer Dimensionen. Zum Beispiel wohnt nach 1. Tim. 6,16 Gott in einem Licht, da niemand Zutritt hat. Ich möchte damit natürlich nicht behaupten, daß sich Gott in einem Schwarzen Loch verborgen hält. Gezeigt werden sollte, daß selbst naturwissenschaftliche Forschung das heute bestätigen muß, was die biblische Vorstellung längst voraussetzt. Es gibt andere, unserem naturwissenschaftlichen Forschen unzugängliche Realitäten.

Nun lesen wir gleich zu Beginn der Erschaffung des Menschen von unserer Diesseitigkeit: Wir sind aus Erde gemacht. Wir sind an die Elemente gebunden. Wir sind materiell und damit irdisch. Dann schildert der Bericht jedoch ausdrücklich, daß Gott dem Menschen als Gegenüber seinen Odem einhauchte. Das kennen wir von keiner anderen Erschaffung. Das ist neu. Das ist das, was uns zu Menschen macht. Solschenizyn meint: Wir werden auf die Frage unseres Seins keine Lösung finden ohne die Umkehr zum Schöpfer aller Dinge. Damit ist der Mensch (Christ) in diese Welt gestellt. Aber nicht, um in ihr aufzugehen, sondern um sie zu beherrschen und zu überwinden.

Materie und Geist. Der Mensch ist aus den Elementen der Ackerkrume gemacht, aber sein Geist gehört nicht dieser Raum-Zeit an. Er ist Erdenbewohner und gleichzeitig Heimatsucher. Nach dieser Erkenntnis ist der Mensch ein Wesen zwi-

"Die Himmel erzählen die Ehre Gottes, und die Feste verkündigt seiner Hände Werk. Ein Tag sagt's dem andern, und eine Nacht tut's kund der anderen, ohne Sprache und ohne Worte, unüberhörbar ist ihre Stimme."

(Ps. 19, 1 - 4).

schen den Dimensionen, auch wenn er sich gerne in seiner Diesseitigkeit einsperrt. Er überbrückt von seiner Wesenhaftigkeit her einen Ereignishorizont und bildet so eine Brücke zwischen der vergänglichen Raum-Zeit-Welt und Gottes Ewigkeit. So sah zumindest Gottes Schöpfungsmuster aus. Im Leben Adams im Garten Eden (Diesseitigkeit von Raum und Zeit) hatte er immer auch direkte Begegnungen mit Gott, bis dieser Zustand des Menschen als Wesen zwischen den Dimensionen durch den Sündenfall unterbrochen wurde.

Seither sucht der Mensch unentwegt nach einem Zurück in Form eines Paradieses, das er sich selber schaffen will. Dieser Versuch kann nur scheitern, weil es in dieser Raum-Zeit allein kein Paradies geben wird. Der Mensch kann nur zurück zum ursprünglichen Schöpfungskonzept finden, wenn er in seinem eigenen Wesen das Muster der Schöpfung, den Umgang mit Gott, lebt. Durch Jesu Kommen und seine Auferstehung sind von Gott her alle Voraussetzungen gegeben. Dieser Aufbruch wird modellhaft und zeichenhaft bleiben, bis Christus durch seine Wiederkunft sein Friedensreich unwiderruflich bringt.

Über den Autor

Nach dem Studium der Physik an der Universität Heidelberg promovierte Norbert Pailer in Astronomie. Bei weiteren Arbeiten am Institut für Kosmochemie des Max-Planck-Instituts in Heidelberg und dem Center for Space Sciences der Washington University in St. Louis, Missouri, spezialisierte er sich in den Fachgebieten "Kometenphysik" und "Interplanetarer Staub". Da Kometen mit ihrem primordialen Charakter auch als "Brösel der Schöpfung" verstanden und Staubteilchen als Kondensationskeime von Strukturen im Universum angesehen werden, war er immer auch mit den Fragen nach dem Ursprung des Universums konfrontiert. In der vorliegenden Schrift wollte er sich besonders solchen offenen Fragen zuwenden, die in der Öffentlichkeit weniger diskutiert werden.

Direkte Erfahrungen in der Weltraumerkundung erwarb er sich durch zahlreiche eigene wissenschaftliche Arbeiten in der Astrophysik und der Raumfahrtindustrie in Deutschland und den USA. Zu nennen sind beispielhaft die deutsch-amerikanische Sonnensonde HELIOS; die europäischen Kometensonde GIOTTO, und der internationale Langzeitsatellit LDEF (Long Duration Exposure Facility).

Nach Arbeiten für eine Kometen-Rendezvous-Mission in den USA kam er an das Max-Planck-Institut in Heidelberg zurück und wechselte dann zur Raumfahrtindustrie, wo er seither an verantwortlicher Stelle für das Programm "Wissenschaftliche Raumfahrt" arbeitet. Dr. Norbert Pailer ist Autor des naturwissenschaftlich orientierten Magazins "Studium Integrale Journal".

Dank

Immer wieder wurde ich angesprochen, um zum umstrittenen Themenkreis "Urknall" etwas zu verfassen. Sowohl der Bedarf als auch die Unsicherheit seien groß. Es sollte zunächst ein Doppelblatt geben. Ganz so einfach war es dann doch nicht.

Auf dem Weg zu dieser Schrift war mir Dr. R. Junker eine unersetzliche Hilfe. Er hat großes Einfühlungsvermögen in die Thematik gezeigt, obwohl es nicht sein angestammtes Metier ist. Aber gerade seine direkte Erfahrung mit der Art der Fragestellung, sein Gespür für Problemfelder, seine Hilfe bei der Umsetzung vom Fachjargon in einen allgemeinverständlichen Stil, hat er unübersehbar seine Spuren hinterlassen. Er hat auch viel Geduld bewiesen beim Umgang mit meinen Wünschen, Zeitzwängen und Eigenarten.

An der Durchsicht waren eine Reihe von Experten zugange, die so auch ein stückweit Garanten sind für eine korrekte und ausgewogene Darstellung. Ich möchte mich bei den Herren Professoren H.W. Beck, W. Gitt, S. Scherer und H. Schneider und den Herren Dr. A. Krabbe, Dr. W. Ludwig und Chr. Berg für Ermutigung und konstruktive Kritik bedanken. Für verbliebene Fehler bin ich selbst verantwortlich.

Herr J. Weiss brachte sich mit seiner bewährten Gabe der grafischen Umsetzung ein. Seine anschaulichen Skizzen und anspruchsvollen Grafiken sind sicher für einen weiten Leserkreis ein Grund mehr, in die Thematik hineinzugehen und sich zurechtzufinden.

7. Anhang

Begriffserläuterungen

Die in der Astronomie und Kosmologie gebräuchlichen Begriffe können den Laien verwirren und auch gelegentlich für den Fachmann alles andere als klar sein. Manchmal wird ein Begriff für unterschiedliche Dinge verwendet oder ein Wort für mehr als ein Objekt gebraucht. Astronomen sprechen z. B. von interstellaren "Wolken" aus Gas und Staub, aber die Magellanschen Wolken beispielsweise sind Galaxien, und der Ausdruck "Wolke" kann auch einen Galaxienhaufen meinen.

Ich habe versucht, weitgehendst auf Erklärungen einzugehen, um die vorliegende Arbeit einem möglichst breiten Leserkreis zugänglich zu machen.

Anisotropie: Richtungs- und Winkelabhängigkeit einer physikalischen Größe. Bei Anisotropien im Mikrowellenhintergrund am Himmel geht es um kleinste Temperaturschwankungen, die man mit Hilfe von Ballon- und Satellitentechnik nachwies. Sie wurden aus gemessenen Spektren abgeleitet. Diese Anisotropien sollen im Urknallmodell Kondensationskeime für die Bildung von Strukturen im Kosmos, insbesondere von Galaxien, sein.

Atom: Die kleinste Einheit eines chemischen Elements. Atome können in subatomare Teilchen zerlegt werden, verlieren dann aber ihre chemischen Eigenschaften, die das Element kennzeichnen.

Cepheiden: Ein pulsierender Überriese, dessen Helligkeit sich verändert. Es gibt verschiedene Klassen von Cepheiden, die für den Astronomen alle wertvoll sind, weil die Zewit, die sie für eine Helligkeitsschwankung brauchen, direkt mit ihrer wahren Helligkeit zusammenhängt. Ein Astronom, der die Entfernung einer nahen Galaxie messen möchte, kann die Periode von Cepheiden in dieser Galaxie messen, daraus ihre Leuchtkraft ableiten, diese mit ihrer scheinbaren Helligkeit am Himmel vergleichen – die Regel ist, daß die scheinbare Helligkeit eines Sterns mit dem Quadrat der Entfernung abnimmt - und so die Entfernung des Sterns und seiner Galaxie bestimmen. Cepheiden sind hell genug, um mit unseren Teleskopen in Galaxien bis zu einer Entfernung von etwa 10 Millionen Lichtjahren aufgefunden zu werden. Der Polarstern ist z. B. ein Cepheiden-Veränderlicher.

Deuterium. Schwerer Wasserstoff als natürlich vorkommendes Isotop des Wasserstoffs. Sein Kern besteht aus einem Proton, einem Neutron, im Gegensatz zu normalem Wasserstoff, der in seinem Kern nur ein Proton enthält. Es wurde 1965 auch im interstellaren Raum entdeckt.

Dopplerverschiebung: Eine scheinbare Frequenz- bzw. Wellenlängen-Verschiebung des Lichts oder anderer Strahlung, die von einem Körper kommt, der sich relativ zum Beobachter bewegt. Wenn der Körper sich nähert, wird sein Licht "zusammengedrückt", und seine Wellenlänge erscheint kürzer, als wenn er in Ruhe ist. Wenn er sich entfernt, ist es gerade umgekehrt, und das Licht ist zu längeren Wellenlängen oder zum roten Ende des Spektrums verschoben. Rotverschiebung im Licht entfernter Galaxien wird als Hinweis gewertet, daß sich das Universum ausdehnt.

Elektron: Ein negativ geladenes, subatomares Teilchen, das, wenn man es in einem Atom findet, um den Kern umläuft.

Elliptische Galaxie: Eine Galaxie, deren Sterne sich in einem elliptischen Raumbereich befinden. Im Unterschied zu den flachgedrückten Spiralen haben die elliptischen Galaxien keine Scheibe, keine Spiralarme und kaum interstellares Material. Ihre Form variiert zwischen fast kugelig bis fast zigarrenförmig.

Ereignishorizont: Das Grenzgebiet des Bereichs um ein Schwarzes Loch, aus dem keine Masse und kein Licht und keine irgendwie geartete Information herauskommen können.

Galaxie: Eine gewaltige Ansammlung von Sternen und interstellarem Gas und Staub. Die Massen der Galaxien variieren zwischen etwa 10 Millionen und möglicherweise bis zu 10 000 Milliarden Sonnenmassen.

Gammastrahlen: Die energiereichste Form elektromagnetischer Strahlung von äußerst hoher Frequenz und kurzer Wellenlänge (s. Spektrum).

Gravitation: Die allgemeine Anziehung zwischen Materieteilchen.

Größenklasse: Die Helligkeit eines Sterns oder eines anderen astronomischen Objekts, wie sie auf einer logarithmischen Skala verzeichnet wird. Ein Unterschied von fünf Größenklassen bedeutet einen 100fachen Unterschied in der Leuchtkraft, während ein Unterschied von nur einer Größenklasse einen Unterschied in der Leuchtkraft von 2,5 bedeutet. Objekte, die heller sind, als die nullte Größenordnung werden mit negativen Zahlen bezeichnet. Die scheinbare Größenklasse von Sirius, dem nach der Sonne hellsten Stern am irdischen Himmel, ist -1,47; der Polarstern hat eine Größenklasse von +2, und die schwächsten Sterne, die mit bloßem Auge zu erkennen sind, gehören etwa zur

sechsten Größenklasse. Große Teleskope können Objekte der 24. Größenklasse oder sogar noch schwächere entdecken.

Halo: Ein sphärisch geformtes System von Kugelsternhaufen um unsere Galaxie und um andere spiralförmige Sternsysteme.

Helium: Nach Wasserstoff das einfachste und häufigste Element im Kosmos.

Hubble-Gesetz. Beschreibt den von Edwin P. Hubble 1929 eingeführten Proportionalitätsfaktor, der den Zusammenhang zwischen der aus der Rotverschiebung abgeleiteten Expansionsgeschwindigkeit v_r kosmischer Objekte und der Entfernung r dieser Objekte charakterisiert: $v_r = H \times r$. Die Eichung von H durch Entfernungsmessungen an nahen Galaxien gehört zu den wichtigsten Aufgaben der heutigen Astronomie. Für weit entfernte, sehr massive Objekte ist der Zusammenhang umstritten.

Hubblekonstante: Ein Maß für die Ausdehnungsgeschwindigkeit des "Urknall-Universums". Neuere Schätzungen ergeben für die Hubble-Konstante 50 km/sec/Megaparsec. Dies bedeutet, daß für jedes Megaparsec (d. h. 3,26 Millionen Lichtjahre), das man weiter in den Raum hinaussieht, die Galaxien sich mit einer zusätzlichen Geschwindigkeit von 50 Kilometern in der Sekunde entfernen.

Infrarotes Licht: Elektronenstrahlung, die gerade an der niederfrequenten Seite des sichtbaren Lichts im elektromagnetischen Spektrum, der Wärme, liegt. Junge Sterne, die noch von Gaswolken umgeben sind, können oft in diesem Spektralbereich beobachtet werden (s. Spektrum). Interstellares Medium: Materie, die in den Räumen zwischen den Sternen gefunden wird. In einer normalen Galaxie, wie der unseren, besteht das interstellare Medium hauptsächlich aus Wasserstoff- und Heliumgas, Spuren komplizierter Atome, Moleküle und Staub.

Isothermische und adiabatische Fluktuationen: Schwankungen der Dichte unter der Annahme konstanter Temperatur bzw. konstanter Entropie.

Jet. Materieausstoß von Radiogalaxien, Quasaren und jungen Sternen in Form von Milliarden Kilometer langen, teilweise sehr eng gebündelten Strukturen. Sie werden als "Abgasprodukte" aus der Dynamik des Sternentstehungsprozesses verstanden. Nach heutigem Verständnis bringt man das Abführen von Drehimpuls z.B. des sich bildenden Sterns in Zusammenhang mit Jets. Ihre Entstehungsmechanismen sind noch weitgehend unverstanden. Man hat die Hoffnung, aus der Jet-Struktur in Zukunft Rückschlüsse auf Eigenschaften des Sterns ableiten zu können.

Kern einer Galaxie, galaktischer Kern: Die Mitte einer Galaxie. Galaktische Kerne sind gewöhnlich klein und hell. Ihr Wesen ist uns noch ziemlich unbekannt. Vermutungen über die Anatomie galaktischer Kerne erstrecken sich von dichten Sternhaufen bis zu Schwarzen Löchern.

Kernfusion: Der Aufbau von schwereren Atomkernen aus leichteren. Kernfusion ist die Umkehrung der Kernspaltung. Kernfusion ist aller Wahrscheinlichkeit nach die Energiequelle der Sterne und somit der Sonne, was jedoch noch nicht mit Sicherheit nachgewiesen ist. Zunächst sind es die im "Urknall-Universum" geforderten langen Zeiträume, die K. als Energiequelle notwendig machen.

Kosmologie: Das globale Studium der Geschichte und der Struktur des Universums. Man unterscheidet zwischen der theoretischen Kosmologie, die sich über die mathematischen und physikalischen Möglichkeiten Gedanken macht, wie das Universum gebaut sein könnte, und der beobachtenden Kosmologie, die astronomische Daten, wie sie für die kosmologischen Fragen wichtig sind, sammelt. In der Praxis tragen Astronomen, Astrophysiker, Mathematiker und Theoretiker, die auf vielen verschiedenen Gebieten arbeiten und eine Vielfalt von Methoden benutzen, Wesentliches bei.

Kryogene Temperaturen: Temperaturbereiche, die deutlich unter -100 Grad Celsius liegen. Bei Beobachtungen im infraroten Teil des elektromagnetischen Spektrums wird üblicherweise verflüssigtes Helium zur Kühlung eingesetzt. Entsprechende Detektoren liegen nahe dem absoluten Nullpunkt von -273 Grad Celsius.

Lichtjahre: Kein Zeitmaß, sondern ein Entfernungsmaß. Es ist die Strecke, die ein Lichtstrahl in einem Jahr zurücklegt, das sind rund 10 Billionen Kilometer.

Magnitude: In der Astronomie übliches Maß für die Strahlung eines Himmelskörpers. Die absolute Helligkeit ist die in Größenklassen ausgedrückte scheinbare Helligkeit, die ein Himmelskörper in einer Einheitsentfernung hat (s. Größenklasse).

Mikrowellen: Elektromagnetische Wellen mit Wellenlängen zwischen 1 mm und 30 cm, d. h. langwelliger als das sichtbare Licht aber kurzwelliger als die Radiostrahlung. Die Entwicklung empfindlicher Mikrowellendetektoren ermöglichte die Entdeckung einer als kosmische Hintergrundstrahlung interpretierten Strahlung (s. Spektrum).

Neutronenstern: Ein entarteter Stern, der zu äußerst hohen Dichten zusammengefallen ist. Ein Neutronenstern mit Sonnenmasse würde einen Durchmesser von nur 18 km haben. Von Pulsaren glaubt man, sie seien Neutronensterne, die vor allem im Radiobereich Strahlung aussenden, während sie sich um sich selbst drehen.Die Energie bewegt sich auf Spirallinien durch das magnetische Feld des Pulsars nach außen, wie der Strahl aus einem Rasensprenger und sieht für einen außenstehenden Beobachter wie ein Pulsschlag aus, der

jedesmal, wenn er vorbeikommt, gemessen wird.

Parallaxe: Der Winkel, unter dem eine astronomische Einheit – die mittlere Entfernung von der Sonne zur Erde – von einem nahen Stern aus erscheint. Astronomen messen interstellare Entfernungen, indem sie benachbarte Sterne von verschieden Seiten der Erdbahn fotografieren und die Verschiebung messen, die diese Veränderung der Perspektive in ihrer scheinbaren Lage gegenüber dem Hintergrund entfernterer Sterne bringt.

Planet: Ein Körper, der einen Stern umläuft und mit dem an ihm reflektierten Licht leuchtet. Bisher sind keine Planeten außerhalb unseres Sonnensystems zweifelsfrei nachgewiesen. Möglicherweise gibt es aber noch größere Planeten mit einer Masse, die 50mal so groß ist wie die des Jupiters. In noch massereicheren Objekten würden Kernprozesse in Gang gesetzt, und sie würden Sterne werden (s. Kernfusion). Eine untere Grenze dafür, daß ein Körper ein Planet genannt werden kann, ist noch nicht festgelegt worden, weil die Frage sich in unserem Sonnensystem nicht stellt.

Proton: Ein schweres, subatomares Teilchen mit positiver Ladung, das im Kern von Atomen angetroffen wird.

Pulsar. Übliche Bezeichnung für eine punktförmige Radioquelle, die kurze Strahlungsimpulse in außerordentlich regelmäßiger Folge aussendet. Die Strenge der Periodizität läßt als Ursache drei wahrscheinliche Mechanismen zu: (1) Pulsation eines Sterns, (2) Bahnbewegung eines engen Doppelsterns und (3) Rotation eines Sterns. Physikalische Überlegungen lassen den Schluß zu, daß es sich um schnell rotierende Neutronensterne handeln dürfte.

Quasar: Ein kleiner Lichtpunkt, der aussieht wie ein Stern (deshalb heißt er so: Quasar = quasistellares Objekt), aber sehr stark rotverschoben ist. Damit wird er

für ein sehr weit entferntes Objekt gehalten. Quasare sind wahrscheinlich Kerne junger Galaxien. Diese Vorstellung wurde durch die Entdeckung von weit entfernten Galaxien mit hellen Kernen, die Quasaren stark ähneln, bestätigt.

Röntgenstrahlung: Hochfrequente, kurzwellige elektromagnetische Strahlung. Bekannte kosmische Quellen für Röntgenstrahlen sind heiße intergalaktische Gaswolken und die nähere Umgebung Schwarzer Löcher (S. Spektrum).

Rotverschiebung: Eine Verschiebung der Spektrallinien im Licht von Sternen oder Galaxien zum roten Bereich oder zu niedrigeren Frequenzen des Spektrums. Rotverschiebungen im Spektrum werden in der "Urknall-Kosmologie" als Ausdruck der Geschwindigkeit gedeutet, mit der die Galaxien sich bei der geforderten Ausdehnung des Universums voneinander weg bewegen.

Rückblickzeit: Dieser Ausdruck wird benutzt, um darauf hinzuweisen, daß wir weit entfernte astronomische Objekte so sehen, wie sie waren, als ihr Licht sie vor langer Zeit verließ. Eine Galaxie, die 10 Millionen Lichtjahre von uns entfernt ist, erscheint uns so, wie sie vor 10 Millionen Jahren war.

Schwarzes Loch: Ein Körper, der so stark zusammengedrängt ist, daß dessen eigene Schwerkraft sogar sein selbst erzeugtes Licht gefangenhält. Es kann den Körper nicht verlassen. Ein Schwarzes Loch entsteht, wenn ein zusammenfallender Stern oder ein anderer Körper durch eine zunehmende Kompresssion eine ständige Zunahme seiner gravitativen Anziehungskraft durch Einfangen ihn umgebender Massen erfährt. Der Trend geht zu immer höherer Dichte und immer kleinerer Dimension. Obwohl der Ausdruck Assoziationen von Löchern im Raum weckt, ist ein Schwarzes Loch eine recht gewichtige Sache (große Masse).

Spektrum: Elektromagnetische Strahlung, die nach ihrer Wellenlänge sortiert ist. Im Gegensatz zu mechanischen Wellen können sich elektromagnetische Wellen im leeren Raum fortpflanzen. Ihre Wellenlängen reichen von etwa 30 km für Radiowellen bis zu 15 billionstel cm für Gammastrahlen. Elektromagnetische Energie wird in der Reihenfolge von längeren zu kürzeren Wellenlängen bezeichnet als: Radiowellen, Mikrowellen, infrarotes Licht, sichtbares Licht, ultraviolettes Licht, Röntgenstrahlung und Gammastrahlung. Radioteleskope untersuchen die elektromagnetische Strahlung der ersten beiden Gruppen, optische Teleskope die nächsten drei, und Detektoren auf Satelliten werden für alle Gruppen, aber insbesondere für Röntgen-, Gamma- und Infrarot-Strahlen eingesetzt.

Spiralarm: Das leuchtende Spiralmuster in den Scheiben von Spiralgalaxien, das ihnen den Namen gab. Spiralgalaxien haben meistens zwei Hauptarme, obwohl diese in äußerst feine Muster zergliedert sein können.

Spiralgalaxie: Eine Galaxie mit einer abgeflachten Scheibe, an die Spiralarme angeheftet zu sein scheinen. Außer Sternen enthält die Scheibe interstellare Wolken aus Gas und Staub. Die Spiralarme sind leuchtende Gebiete innerhalb des interstellaren Mediums, in denen die Wolken so stark zusammengepreßt sind, daß sie die Bildung neuer Sterne auslösen können.

Stern: Ein selbstleuchtender Körper aus Gas, der so stark zusammengepreßt ist, daß in seinem Innern Kernfusionen stattfinden können.

Superhaufen: Eine Ansammlung von Haufen von Galaxien. Superhaufen scheinen nicht durch Gravitation zusammengehalten zu werden und werden deshalb anscheinend auseinandergezogen oder aufgelöst, zumindest dann, wenn sich das Universum ausdehnen sollte.

Supernova: Eine Sternexplosion. Supernovae sind ungeheuer mächtige Ausbrüche, die mindestens 10 000mal so gewaltig sind wie Novaausbrüche. Der größte Teil der Masse eines Sterns wird in den Raum hinausgeblasen, und zurück bleibt nur ein dichter, ascheähnlicher Kern. Supernovae kommen vor, wenn ein massereicher Stern keinen Brennstoff mehr hat, den Strahlungsdruck, der ihn im Gleichgewicht hielt, nicht mehr aufrechterhalten kann und deswegen zusammenfällt. Durch diese Verdichtung der Materie erzeugt er eine solch extreme Hitze im Kern, daß der Stern wie eine gewaltige thermonukleare Bombe detoniert. Bei diesem Vorgang werden höhere Elemente erzeugt, die durch die Explosion in den Raum hineingetragen und möglicherweise anderen Sternen einverleibt werden.

Supernova-Rest: Die bei der Explosion eines Sternes als Supernova in den Raum geschleuderte Materie. Diese oft sehr massereichen Reste bleiben manchmal im optischen Bereich und im Radiobereich viel länger wahrnehmbar als nur die wenigen 10 000 Jahre, die ein typischer Planetarischer Nebel überlebt.

Teleskop: Ein Apparat zum Sammeln und Fokussieren von Energie, mit dem entfernte Gegenstände untersucht werden können. Teleskope werden entsprechend der Wellenlängen der Strahlung konstruiert, die sie sammmeln sollen. Große optische Teleskope benutzen Glasspiegel, um das Licht zu sammeln. Radioteleskope sammeln die viel längeren Wellenlängen mit Metallplatten oder Drahtnetzen. Im Röntgen- und Gammabereich müssen andere Spiegelformen und meist auch andere Materialien bzw. andere Techniken verwendet werden.

Tully-Fisher-Relation: Sie besagt, daß leuchtkräftige Galaxien langsamer rotieren als leuchtschwache. Läßt sich also die Rotationsgeschwindigkeit des Sternsystems bestimmen, kann man daraus die Leuchtkraft ableiten. Entfernungen bis zu 300 Millionen Lichtjahren lassen sich damit abschätzen. Die Astronomen stört allerdings, daß es bislang keine physikalische Erklärung für dieses Verhalten gibt.

Ultraviolettes Licht: Elektromagnetische Energie mit höherer Frequenz als sichtbares Licht, das gerade neben dem blauen Ende des sichtbaren Teil des Spektrums liegt. Extrem heiße Sterne wie solche, die kürzlich als Planetare Nebel ihre Hüllen abstießen und zum Stadium der Weißen Zwerge zusammenfielen, sind hervorragende Quellen ultravioletter Energie (s. Spektrum).

Veränderlicher Stern: Ein Stern, dessen Helligkeit sich periodisch verändert. Es gibt viele Arten veränderlicher Sterne, und einige sind für die Astronomen als Entfernungsanzeiger besonders nützlich (s. Cepheiden).

Wasserstoff: Die einfachste und massenärmste Atomsorte, die normalerweise aus einem Proton und einem Elektron besteht. Wasserstoff ist bei weitem das häufigste Element im Universum.

Wechselwirkende Galaxien: Zwei oder mehr Galaxien, die nahe genug zusammen sind, daß ihre Gravitationswechselwirkung sich deutlich zeigen kann, etwa in Verzerrungen der Form oder dem Austausch oder dem Ausstoßen von Sternen.

Zwergstern: Diesen eine Verkleinerung vortäuschenden Begriff verwenden Astrophysiker ganz allgemein bei den meisten Sternen wie unserer Sonne. Meistens wird er durch einen Zusatz wie Schwarzer Zwerg oder Weißer Zwerg ergänzt; damit sind entartete Sterne gemeint, die zu einer Größe, die der der Erde vergleichbar ist, zusammengefallen sind.

Zitate und Quellennachweise

1 "Most cosmologists believe the universe came into being 15 or 20 billion years ago in a tremendous explosion they call the Big Bang. But over the past few years more and more observations appear to contradict this theory." (Aerospace America, March 1990: "COBE confounds the cosmologists").

2 "Despite its power the Big Bang is too simple to be a complete theory. It offered no reasons for many of the observed properties of the universe." (Astronomy, Aug. 1992: "COBE's Big Bang").

3 "The Big Bang is the pinnacle of a chain of interference which provides no explanation at present for quasars and the source of the known hidden mass ("dark matter") in the universe. It will be a surprise if it somehow survives the Hubble telescope." (Nature, Aug. 1989: "Down with the Big Bang").

4 "The Age Paradox: Controversy surrounds a basic fact about the universe - its the age. Stellar astronomers claim the most ancient stars appear to be several billion years older than the universe itself". (Astronomy, June 1993).

5 "The fundamental problem facing the Big Bang is to explain how the perfectly smooth universe of theory could ever give birth to the imperfect, lumpy universe of observation." (Aerospace America, March 1990: "Cobe confounds the cosmologists").

6 "So far only a few astronomers have been willing to publicly draw the conclusion that the Big Bang theory is wrong." (Aerospace America, March 1990: "COBE confounds the cosmologists").

7 "There now seems no way to reconcile the predictions of any version of the Big Bang with the reality of the universe we observe, no way, to get from the perfectly smooth Big Bang to the imperfectly lumpy universe we see today." (Aerospace America, March 1990: "COBE confounds the cosmologists").

8 "Since theories can never be proved, only disproved, it is the existence of obviously young galaxies that is so crucial in disproving the Big Bang." (Physics Today, July 1991: "Exploding the Big Bang hypothesis").

9 "Cosmologists have to accept that what they have been studying over the past 300 years is only a small percentage of the total content of the Universe. They have no idea, for example, about what makes up the "dark matter", the Universe's major component. Furthermore, the cosmic background radiation now seems to be contradicting our very existence...Never has such a mighty edifice been built on such insubstantial foundations." (New Scientist, Dec. 1991: "Cosmology in crisis?").

10 Bild der Wissenschaft, März 1991: "Rätsel um den Urknall".

11 Joseph Silk, Beweise für den Urknall, Sterne und Weltraum 1/1991.

12 s. z. B. Neil Comins and Laurence Marschall: How do Spiral Galaxies spiral?, Astronomy Dec. 1987.

13 "For myself, and most astronomers I think, to understand the origin of galaxies would seem of far greater significance than speculations about the instant of the Big Bang, which can probably never be tested." (New Scientist, Oct. 1993: "Hold the front page...").

14 "A cloud like this would have dissipated into space long ago, leaving nothing for us to detect, unless it was held together by gravity of an immense mass. The mass required to restrain the cloud is about 25 times greater than the mass of the three galaxies present." (Aviation Week and Space Technology, Jan. 11, 1993)´.

15 Astronomy, Sept. 1993.

16 Astronomy, April 1993.

17 Physik in unserer Zeit, 23. Jahrgang 1992, Nr. 4: "Anisotropien in der kosmischen Hintergrundstrahlung entdeckt?"

18 R. Talcott: "COBE's Big Bang, Astronomy August 1992.

19 Physikalische Blätter 48, Nr. 6 1992: "Das Echo des Urknalls"

20 "In actuality, however, the cosmic microwave background appears smooth at least 1 part in 100,000, close to the level at which the Big Bang must be abandoned or significantly modified."

(Scientific American, Febr. 1992: "Why only one Big Bang?").

21 "COBE's map of the microwave sky is dominated by instrument noise; roughly two thirds of the data shown on the map originated in COBE or in unaccounted-for nearby sources and not in the infant universe. I can't emphasise strongly enough that you cannot look at any point and say, "That's a cosmic fluctuation." Only by applying mathematical analysis techniques, such as statistical averaging, can one prove that some of the patches are not instrument artifacts." (Scientific American, July 1992: "The golden age of cosmology").

22 "The balloon team turned up hints of the cosmic fluctuations by 1991. But they still had to rule out the possibility that the signals had come from non-cosmic sources. The workers were able to pinpoint and thus eliminate radiation from the Milky Way by comparing their map with one made by IRAS. Systematic errors in the instruments could also have created spurious features, but the agreement between the data from the balloon and from COBE makes that possibility unlikely." (Scientific American, Febr. 1993: "COBE corroborated").

23 "Indeed, the cosmic features they have detected are huge, larger than even the largest voids and superclusters of galaxies detected so far by optical telescopes." (Scientific American, Febr. 1993: "COBE corroborated").

24 "The finer-scale observations should be more directly relevant to structure formation." (Scientific American, Febr. 1993: "COBE corroborated").

25 "It may be cosmological, or it may be galactic, so we won't bring our fist down hard on

the table yet." (Scientific American, Febr. 1993: "COBE corroborated").

26 "When the data came down, there was clearly a temperature variation in it. The trouble was we couldn't tell whether it was in the background radiation or had a more local source. It could have been caused by our galaxy, the atmosphere or even the instrument itself." (New Scientist, Jan. 1993: "Balloon banishes doubts over cosmic ripples").

27 "Everyone is seeing something. The trouble is no one is quite shure that what they are seeing is really in the Big Bang radiation or has another explanation . . . It could be that all the observations made so far are contaminated by infrared sources . . . If there is a new class of objects whose peak emission is in the millimetre or submillimetre region, then it could limit the cosmology we will be able to do . . . My worry is that we've stumbled on a new class of sources that could make it hard." (New Scientist, July 1993: "Mini cosmic ripples hint at birth of galaxies").

28 Jeff Kanipe: "Beyond the Big Bang". Astronomy, April 1992.

29 Marcus Chown (1994) Up, up and away to the beginning. New Scientist, Oct. 94.

30 "Controversy has arisen about wether the COBE measurements have any relation at all to the structure of the universe billions of years ago." (Scientific American, Oct. 1992: "The cosmic microwave mirage").

31 "One should not jump to the conclusion that what COBE is seeing is just density fluctuation. At least some or all of it might be gravitational waves." (Scientific American, Okt. 1992: "The cosmic microwave mirage").

32 "Even so, some astronomers remain skeptical. John P. Huchra, Harvard-Smithsonian Center for Astrophysics, . . . suggests that microwave fluctuation could be produced by a previously unknown class of nearby astronomical objects and not by density variations shortly after the Big Bang." (Scientific American, July 1992: "The golden age of cosmology").

33 "Are the COBE ripples the discovery of the century? Hawking: 'By no means, in my view, but they are a landmark." (New Scientist, Oct. 1993: "Hold the front page...").

34 Thomas Bührke: "Dunkle Materie - die Mischung macht's". Sterne und Weltraum, 3/94.

35 ". . . that the dark matter problem may be a sign that some fundamental aspect of physics, such as the theory of gravity, demand revision . . . The outcome of the current searches will test not only the cosmological orthodoxy but scientists' ability to deduce the nature of a universe that is mostly inaccessible to their gaze." (Scientific American, Jan. 1993: "MACHOs or WIMPs?").

36 "Examine lists of very accurate galaxy redshifts, corrected for various observational factors, and you'll find that redshifts come bunched at intervals of about 72 km/sec, or sometimes half this value (36 km/sec) or even a third (24 km/sec). (Sky & Telescope, Aug. 1992: "Quantized redshifts: What's going on here?").

37 News Notes. Sky & Telescope,Aug. 1992: "Quantized redshifts: What's going on here?".

38 W. Tifft: Monthly Notices of the Royal Astronomical Society, Dec. 1991.

39 "The implication is that something in larger spiral galaxies

may be affecting their light. Spiral galaxies have more mass than dwarfs, including their share of "dark matter"… so one guess is that an unknown interaction between mass and light is doing the trick." (New Scientist, Dec. 1991: "Bunched red shifts question cosmology").

40 "Meanwhile, Tifft has gone still further. In the 'Astrophysical Journal', Dez. 1991, he suggests that galaxy redshift as measured from Earth have changed slightly in just a few years! Older radio redshifts differ a trace from newer ones not because of equipment problems, he proposes, but because of "rapid time-dependent fluctuations within the quantized redshift framework. By the mid-1990s, he writes, the extended time baseline will permit important critical tests of both quantization and variability." (Sky & Telescope, Aug. 1992: "Quantized redshifts: What's going on here?").

41 "A few dissident astronomers do not accept that redshifts are simply the velocity of a receding galaxy . . . Instead they believe redshifts are "quantized" – they tend to fall on evenly spaced values, like the rungs of a ladder . . . It could mean that some unrecognized type of quantum effect operates at the level of very large objects as it does on very small ones, constraining redshifts. Guthrie speculates that redshift quantization may be a relic of interaction between light and matter in the early universe." (Sky & Telescope, Aug. 1992: "Quantized redshifts: What's going on here?").

42 "A team of astronomers in Britain has produced the strongest evidence yet that the redshifts are not due solely to the expansion of the universe, as most astronomers assume, and that new physics is needed to explain them . . . The American astronomer H. Arp and the British astronomer F. Hoyle have pointed to examples where two galaxies with very different redshifts appear to be physically connected. In the simplest cosmological models, the redshift of a galaxy indicates its distance, so the difference in the redshift of two associated galaxies cannot be explained simply in terms of the large-scale expansion of the universe" (New Scientist, Dec. 1991: "Bunched red shifts question cosmology").

43 R. Jayawardhana (1993) The Age Paradox. Astronomy 6/93.

44 S. Weinberg (1979) Die ersten drei Minuten-Der Ursprung des Universums. München.

45 H.-M. Adorf (1995) Kosmische Entfernungen. Eine neue Bestimmung der Hubble-Konstanten. Sterne und Weltraum 2/95.

46 Croswell K (1995) A Milestone in Fornax. Astronomy 10/95.

47 Jayawardhana (1993)

48 Jayawardhana (1993)

49 S. von der Weiden: Jungbrunnen für verbrauchte Sonnen. Bild der Wissenschaft 1/96, S. 94-96.

50 Focus 39/1995

51 Aviation Week and Space Technology 1994 (genaue Quellenangabe erforderlich!)

52 W. Knapp (1995) Der Streit um das Alter der Welt. Bild der Wissenschaft 4/95.

53 Der Spiegel 44/1994

54 Der Spiegel 44/1994

55 Jayawardhana (1993)

56 nach A. E. Wilder Smith: Die Demission des wissenschaftlichen Materialismus. Neuhausen-Stuttgart, 1976.

57 Steven Phillipps: "How to count galaxies?" Astronomy, Apr. 93.

58 "– treated as an unexplainable event without a cause – could not explain convincingly how matter got organised into lumps (galaxies and cluster of galaxies)- it did not predict that for the Universe to be held together would have to be in the form of some strange, unknown dark form of matter. Even the strongest piece of evidence for the Big Bang has turned on it. Matter is not found to be spread out uniformly. Correspondingly, the leftover radiation from the Big Bang should also be inhomogenious. Unfortunately, the results from COBE satellite...has revealed that this wash of radiation is relentlessly uniform. So it conflicts with the theoretical Big Bang predictions...but the response have been Platonic retrenchment: the Big Bang has to be right." (New Scientist, Dec. 1990: "What's wrong with the new physics?").

59 K. Hübner: "Kritik der wissenschaftlichen Vernunft", Karl Alber-Verlag, Freiburg, 1989.

60 V. Weisskopf: "Der Ursprung aller Dinge", Bild der Wissenschaft 4/1990.

Übersetzung: B. Suhm